Découvrir
LES BALEINES
et autres mammifères marins
DU QUÉBEC ET DE L'EST DU CANADA

Découvrir
LES BALEINES
et autres mammifères marins

DU QUÉBEC ET DE L'EST DU CANADA

Pierre Richard

Jacques Prescott

ÉDITIONS
Michel
Quintin

Catalogage avant publication de Bibliothèque et Archives Canada

Richard, Pierre, 1953 10 janv.-

Découvrir les baleines et autres mammifères marins du Québec
et de l'est du Canada

(Guides nature Quintin)
Comprend des réf. bibliogr. et un index.

ISBN 2-89435-276-X

1. Mammifères marins - Québec (Province). 2. Mammifères
marins - Canada (Est). 3. Baleines - Québec (Province). 4. Mammifères
marins - Observation - Québec (Province). I. Prescott, Jacques.
II. Titre. III. Collection.

QL721.5.Q8R52 2005   599.5'09714   C2005-940265-2

Édition : Johanne Ménard
Conception graphique : Céline Forget et Domino Design Communications
Infographie : Domino Design Communications
Illustrations : Daniel Grenier
Révision linguistique : Serge Gagné

Patrimoine   Canadian
canadien   Heritage

Gouvernement du Québec — Programme de crédit d'impôt pour l'édition de
livres — Gestion SODEC

Les Éditions Michel Quintin bénéficient du soutien financier de la SODEC et
du gouvernement du Canada par l'entremise du Programme d'aide au développement de l'industrie de l'édition (PADIÉ) pour leurs activités d'édition.

ISBN 2-89435-276-X
Dépôt légal — Bibliothèque nationale du Québec, 2005
              Bibliothèque nationale du Canada, 2005

C.P. 340
Waterloo (Québec)
Canada J0E 2N0
Tél. : (450) 539-3774
Téléc. : (450) 539-4905
www.editionsmichelquintin.ca

Imprimé au Canada

À nos compagnes
Gayle et Louise
et à nos enfants
Nicolas, Emily et Alexandra

Remerciements

Nous tenons à remercier les personnes suivantes qui, par leur aide et leurs commentaires, ont contribué à différentes étapes de la réalisation de cet ouvrage:

Steeve R. Baker, Holly Cleator, Véronik de la Chenelière, Larry Dueck, Patrice Corbeil, Michael Hammill, Wybrand Hoek, Véronique Lesage, Michael Kingsley, Arthur Mansfield, Andrew McFarlane, Robert Michaud, Edward Mitchell, Jack Orr, Daniel Pike, Randall Reeves, Richard Sears, David Sergeant, Ian Stirling et le regretté David St. Aubin.

Nous remercions également le ministère des Pêches et des Océans du Canada qui nous a facilité la cueillette de l'information et l'accès à certaines données et photos inédites. Nous sommes aussi redevables des efforts des nombreux chercheurs dont les publications scientifiques et ouvrages populaires nous ont procuré la majeure partie de l'information à l'origine de ce livre. Le GREMM nous a accordé une aide importante en ouvrant ses archives photographiques, en rédigeant des anecdotes sur certains mammifères marins et en commentant diverses parties du manuscrit.

Nous exprimons enfin notre gratitude à Daniel Grenier qui a réalisé les illustrations de cétacés ainsi qu'à tous les photographes qui nous ont permis de reproduire leurs œuvres. Nous sommes reconnaissants à Roger Belle-Isle, Céline Forget et France Lacouture pour leur travail de mise en page exceptionnel.

Un gros merci à Michel Quintin, à Johanne Ménard et à toute l'équipe d'édition sans qui cet ouvrage n'aurait jamais vu le jour.

Pierre Richard
Jacques Prescott

Table des matières

Introduction

Dès la parution de notre premier guide sur les mammifères du Québec et de l'est du Canada, en 1982, nous envisagions de publier un ouvrage plus complet sur les baleines et autres mammifères marins de nos régions, un livre qui réponde aux questions que l'on se pose sur ces animaux fascinants et qui constitue un compagnon utile et peu encombrant sur le terrain. L'engouement sans cesse croissant pour les géants des mers nous a encouragés à donner suite à ce projet.

Cet ouvrage s'adresse aussi bien aux observateurs occasionnels qu'aux naturalistes curieux et aux biologistes de formation. Il devrait aider le lecteur à planifier ses excursions et ses sorties d'observation et lui donner accès rapidement à l'information lui permettant d'identifier l'espèce aperçue sur le terrain. Nous l'avons voulu abondamment illustré, de consultation facile et présentant, dans un format pratique, une description de la répartition géographique, des caractéristiques et des moeurs de chaque espèce.

Les textes généraux et les rubriques décrivent les adaptations anatomiques, physiologiques et comportementales de ces mammifères au milieu marin et certains phénomènes qui les caractérisent. Ils offrent aussi un aperçu des activités de chasse et d'observation, des problèmes qui menacent la survie de certains de ces animaux, les efforts de conservation et les travaux scientifiques dont ils font l'objet. La bibliographie devrait faciliter la tâche à ceux et celles qui voudraient pousser plus loin leur recherche.

Nous tenons à souligner la collaboration fort appréciée du Groupe de Recherche en Écologie des Mammifères Marins (GREMM) et du Centre d'interprétation des mammifères marins à Tadoussac. Nous espérons que le lecteur trouvera autant de plaisir à consulter ce guide que nous en avons eu à le réaliser.

Pierre Richard
Jacques Prescott

marques d'identification natu-
relles facilitent l'étude du comportement individuel et social
des animaux et permettent de
suivre l'évolution de certains
individus au cours des années.
Ainsi, des catalogues ont été
constitués à partir de photos de
la queue (rorqual à bosse), du
dos (béluga, rorqual commun et
rorqual bleu) et de la nageoire
dorsale (rorqual commun et rorqual bleu), dont le patron de
coloration ou la forme varie d'un
individu à l'autre. Des cicatrices
permettent aussi de reconnaître
certains individus, notamment
chez les bélugas. Ces catalogues
ont pu servir à mieux estimer le

nombre d'individus d'une population donnée en utilisant un
modèle de marquage-recapture.
Mais de loin la plus importante
contribution des ces catalogues
a été de permettre de suivre des
individus pendant de longues
années et d'en déterminer les
routes migratoires et les déplacements, le taux de reproduction (nombre de petits produits,
intervalles entre les naissances)
et la longévité. Ce type de données est extrêmement difficile à
obtenir chez les mammifères
marins, à moins de les chasser
en grand nombre pour compter
les cicatrices placentaires ou les
couches de croissance des dents

▲ Un phoque commun s'approche pour observer un plongeur.

► Des cicatrices permettent de reconnaître certains individus.

► p. 16-17 : Des bélugas s'ébattent à l'embouchure d'une rivière.
En médaillon : Une bande de dauphins à flancs blancs longe la côte.

► p. 18-19 : Un groupe de phoques gris au repos sur un récif.

► p. 20 : Des jeunes gens admirent un phoque commun en posture «banane».

et du bouchon cireux des oreilles des cétacés. Lors de vos excursions d'observation, cherchez donc les marques spécifiques qui pourraient vous permettre d'identifier des individus.

Où et quand peut-on voir des baleines?

On retrouve des baleines dans tous les océans du globe. Le Canada est un des pays dont les eaux côtières sont fréquentées régulièrement par ces mastodontes et où les sites d'observation abondent. Dans l'est du pays, les côtes du golfe et de l'estuaire du Saint-Laurent comptent en effet parmi les rares endroits au monde où l'on peut observer chaque année plusieurs espèces de grandes baleines et une variété de petits cétacés et de pinnipèdes. Que ce soit dans les eaux du Saint-Laurent, du nord-ouest de l'Atlantique ou de la baie d'Hudson, les baleines sont surtout visibles de juin à septembre.

Au Québec, deux sites de prédilection s'imposent pour observer les baleines : les environs de Tadoussac et ceux du parc Forillon en Gaspésie. On peut aussi les observer à d'autres endroits moins accessibles du golfe et des côtes atlantiques, comme la région de Mingan, le détroit de Belle Isle et les baies de Terre-Neuve et de la Nouvelle-Écosse. Mais aucun de ceux-ci n'offre, comme la région de Tadoussac et le parc Forillon, le double avantage d'être facilement accessible par la route et d'être bordé de falaises élevées qui offrent une excellente vue sur la mer par temps clair.

Au parc Forillon, depuis la pointe la plus à l'est nommée cap Gaspé, on peut apercevoir, en juin et en juillet, de nombreux rorquals communs et petits rorquals. Les marsouins communs y sont aussi abondants. Avec un peu de chance, on pourra voir un rorqual à bosse ou des troupeaux de globicéphales noirs et de dauphins à flancs blancs pénétrer dans la baie de Gaspé ou nager au large.

Les mois d'août et de septembre constituent la meilleure période pour observer nombre de baleines, de Tadoussac jusqu'aux Escoumins, quoiqu'on puisse en voir de juillet à septembre ou même à l'occasion au printemps et à l'automne. On y rencontre les mêmes espèces que dans la région de Percé et de Gaspé, mais l'embouchure du Saguenay possède un attrait unique : une population de bélugas y réside en permanence, isolée presque

complètement des autres populations de l'Arctique et de la baie d'Hudson. En plus, on y voit, chaque année, quelques baleines bleues, plus particulièrement en aval de Les-Bergeronnes.

On a d'excellentes chances de rencontrer des baleines depuis les traversiers de l'estuaire et du golfe du Saint-Laurent, de Terre-Neuve et de la baie de Fundy. Enfin, plusieurs organisations

offrent des excursions d'observation dans l'estuaire du Saint-Laurent, la péninsule gaspésienne, la baie de Fundy et le golfe du Maine.

Les baleines trouvent dans les eaux du golfe du Saint-Laurent une nourriture riche et abondante. Les eaux froides de l'Atlantique et de la mer du Labrador qui pénètrent dans le golfe rencontrent les eaux plus chaudes de l'estuaire, créant ainsi des courants de remontée qui ramènent en surface des sédiments du fond riches en éléments nutritifs. Ces éléments favorisent la croissance du plancton et des poissons, crustacés et mollusques qui s'en nourrissent. De tels courants de remontée, appelés *upwellings* en anglais, existent dans la plupart des endroits où abondent les baleines. Un exemple de ce phénomène s'observe près de l'embouchure du Saguenay où les eaux froides du canal Laurentien remontent vers la surface lorsqu'elles frappent les hauts-fonds.

Où et quand peut-on voir des pinnipèdes ?

Les pinnipèdes, pour leur part, effectuent de grands rassemblements sur les glaces en hiver ou sur la terre ferme au printemps et en été, lors des périodes de reproduction et de mue. Ces lieux de rassemblement s'avèrent souvent difficiles à rejoindre sans embarcation ; de plus, ils ne devraient pas être envahis sans précautions par les enthousiastes

qui risquent de perturber sérieusement les animaux durant ces périodes critiques de leur cycle annuel. En février et mars, quelques organisations offrent des excursions d'observation des phoques du Groenland en hélicoptère à partir des Îles-de-la Madeleine. Accompagnés par des guides expérimentés, les touristes descendent sur la banquise et peuvent côtoyer de très près les blanchons sur leurs sites de mise bas.

On trouvera qu'il est plus simple de scruter avec ses jumelles les récifs rocailleux et les bancs de sable découverts par la marée. À maints endroits le long des rivages de l'estuaire et du golfe, on peut espérer trouver quelques phoques qui se reposent au sec en attendant la marée. Des endroits de prédilection : la région du Bic, le parc Forillon et l'île Bonaventure pour le phoque gris et le phoque commun.

La plupart des pinnipèdes utilisent la glace pour se reposer et mettre bas. Les phoques et les morses de l'est du Canada vivent une bonne partie de l'année dans les eaux froides baignant différentes formations de glaces que l'on désigne souvent par les termes de banquise, pack ou front (voir le glossaire). Banquise et pack sont des termes équivalents qui désignent toute étendue de glace de mer autre que la banquise côtière, quelle que soit sa forme ou la façon dont elle est disposée. Selon la concentration des glaces, on parle de pack

lâche ou serré. Le pack est souvent en mouvement, porté par les courants et les vents. La banquise côtière, elle, est retenue à la côte. Le « front » désigne la banquise serrée qui se forme au nord de Terre-Neuve en hiver et sur laquelle mettent bas les phoques du Groenland et les phoques à capuchon. D'autres espèces, comme le phoque commun, préfèrent l'eau libre ou la banquise lâche.

C'est de janvier à juillet qu'on a le plus souvent l'occasion d'observer des phoques. Des phases cruciales de leur cycle annuel les forcent à quitter l'eau : la reproduction et la mue. Ils mettent bas en hiver ou au printemps sur les glaces et sur les côtes et s'accouplent quelques jours ou quelques semaines plus tard. La mue annuelle se produit généralement après la saison des amours et dure quelques semaines. Durant cette période, la fourrure des animaux se régénère progressivement. De grandes plaques de poils se détachent, entraînant parfois des lambeaux d'épiderme. Cette période critique oblige les phoques à rester longtemps hors de l'eau car leur isolation est moins efficace qu'à l'ordinaire.

Liste des principaux sites d'observation et points de départ d'excursion

Endroits	Espèces principales*	Saison principale
Québec		
Baie Sainte-Catherine (E, O)	BA, PC, PG, PR, RC	juin à septembre
Havre-Saint-Pierre (E, O)	DF, MC, PC, PdG, PG, PR, RàB, RC	juillet à mi-octobre
Îles de la Madeleine (E)	PàC, PC, PdG, PG	mars (PàC, PdG); été (PC, PG)
Les Bergeronnes (E, O)	BA, RB, RC	juin à septembre
Les Escoumins (E, O)	PR, RB, RC	juin à septembre
Longue-Pointe, Mingan (E, O)	DF, PR, RàB, RB, RC	juin à octobre
Matane – B. Comeau/Godbout (T)	PR , RC	juin à septembre
Parc du Bic (O)	PC, PG	juin à septembre
Parc Forillon (O)	GN, PC, PG, PR, RàB, RC	juin à septembre
Percé/Gaspé (E, O)	DF, GN, PC, PG, PR, RC, RàB	juin à septembre
Pointe-des-Monts (E, O)	PR , RC	juin à septembre
Rivière-du-Loup (E, O, T)	BA, PR, RC	juin à septembre
Sainte-Anne-de-Portneuf (E, O)	DF, MC, PC, PdG, PG, PR, RB, RC	mai à octobre
Tadoussac (E, O)	BA, PC, PG, PR, RC	juin à septembre
Trois-Pistoles (E, O, T)	PR, RC	juin à septembre
Île-du-Prince-Édouard		
Charlottetown à Montague (E, O)	PC, PG	mai à septembre
Nouveau-Brunswick		
Caraquet (E)	PC, PR, RàB, RC	juin à septembre
Île Deer (E, O)	BN, MC, PC, PR, RàB, RC	juillet à septembre
Île Grand Manan (E, O)	BN, MC, PC, PR, RàB, RC	juillet à septembre
St. Andrews (E)	PC, PR, RàB, RC	juillet à septembre
Nouvelle-Écosse		
Côte atlantique (O)	DF, GN, PC, PG, RàB, RC	juin à septembre
Îles Long/Brier (E, O)	BN, PR, RàB, RC	juin à septembre
Lunenberg (E, O)	DF, GN, RàB, RC	juin à septembre
Nord Cap-Breton (E, O)	DF, GN, PC, PG, RàB, RC	juin à septembre
Terre-Neuve et Labrador		
Baie Bonavista à baie Fortune (E, O)	DF, DN, GN, MC, PC, PR, RàB, RC	juin à septembre
L'Anse aux Meadows (E, O)	DF, ED, PR, RàB, RB, RC	juillet à mi-août

O observation de la côte   **E** excursion en bateau   **T** observation à partir d'un traversier

BA	béluga	**MC**	marsouin commun	**PC**	phoque commun
BN	baleine noire	**ED**	épaulard	**PG**	phoque gris
DF	dauphin à flancs blancs	**PR**	petit rorqual	**RàB**	rorqual à bosse
DN	dauphin à nez blanc	**PàC**	phoque à capuchon	**RB**	rorqual bleu
GN	globicéphale noir	**PdG**	phoque du Grœnland	**RC**	rorqual commun

* Cette liste d'espèces principales reflète les observations des dernières décennies. On note toutefois, depuis quelques années, des changements dans la composition des espèces qui fréquentent l'estuaire et le golfe du Saint-Laurent.

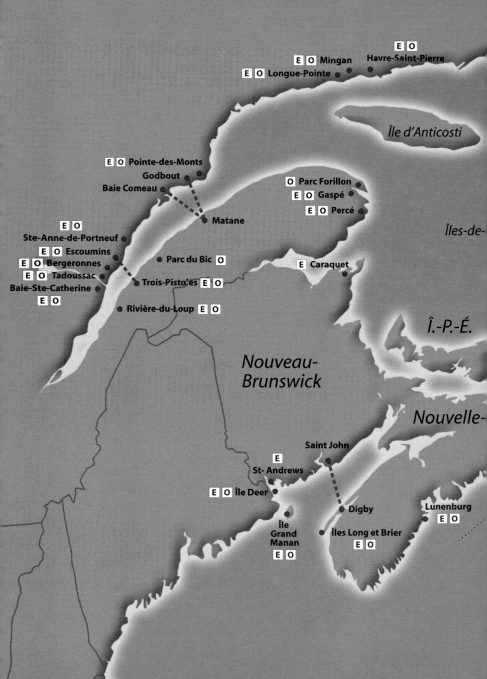

Québec

E O Havre-Saint-Pierre

E O Mingan

E O Longue-Pointe

Île d'Anticosti

E O Pointe-des-Monts

Godbout

Baie Comeau

O Parc Forillon

E O Gaspé

E O Percé

Matane

Îles-de-

E O Ste-Anne-de-Portneuf

E O Escoumins

E O Bergeronnes

Parc du Bic O

E O Tadoussac

E Caraquet

Baie-Ste-Catherine

Trois-Pistoles E O

E O

Rivière-du-Loup E O

Î.-P.-É.

Nouveau-
Brunswick

Nouvelle-

Saint John

E
St- Andrews

E O Île Deer

Digby

Lunenburg

E O

Île
Grand
Manan

Îles Long et Brier

E O

E O

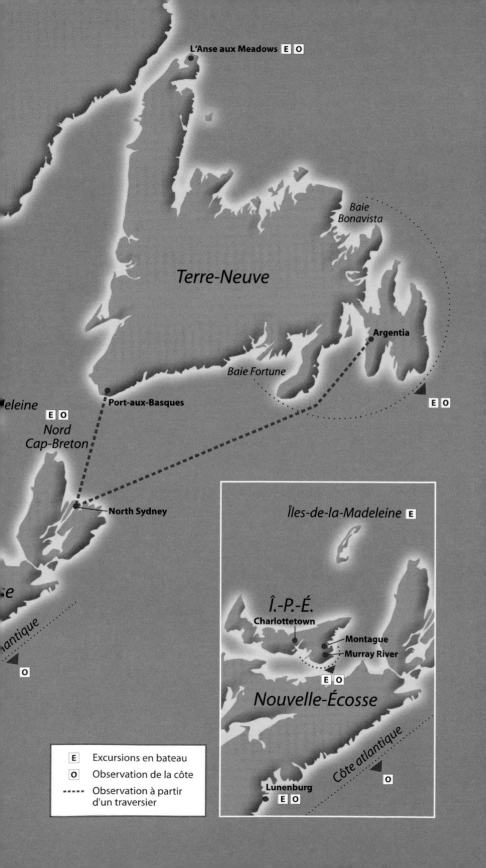

Origine et évolution des mammifères marins

Des animaux terrestres tournés vers la mer

L'examen de spécimens fossiles nous apprend que les ancêtres des baleines étaient des carnivores terrestres primitifs ayant l'apparence d'un loup. Une partie de ces animaux ayant adopté un mode de vie semi-aquatique ont par la suite évolué vers les formes purement aquatiques que nous connaissons aujourd'hui. Les dauphins, les marsouins et les baleines proprement dites constituent l'aboutissement de cette évolution vers la vie marine. La présence de structures osseuses vestigiales dans la partie postérieure du corps chez certaines espèces rappelle l'existence de pattes postérieures et témoigne de cette origine terrestre.

Contrairement aux castors et aux phoques, qui doivent passer une partie de leur existence hors de l'eau, les cétacés sont exclusivement aquatiques comme en témoigne leur anatomie bien adaptée à ce mode de vie. Les narines (appelées évents), généralement localisées à l'extrémité du museau chez les autres mammifères, sont, chez les baleines (à l'exception du cachalot dont l'évent est situé à l'extrémité gauche du museau), situées contre la boîte crânienne et orientées vers le haut. Cette particularité leur permet de respirer tout en nageant. Le corps des cétacés est recouvert d'une épaisse couche de graisse, ou pannicule, qui sert d'isolant thermique et de réserve nutritive. Le caractère fusiforme du corps et l'épiderme lisse, dépourvu de poils, assurent un déplacement aisé, sans friction.

Les membres antérieurs, plus courts, s'aplatissent en forme de nageoires qui servent de gouvernails et de stabilisateurs. Les membres postérieurs ont disparu et la queue les remplace comme organe propulseur. Celle-ci se termine en une nageoire fibreuse et rigide disposée à l'horizontale, et non à la verticale comme celle des poissons. La plupart des cétacés possèdent aussi une nageoire dorsale plus ou moins développée servant probablement de stabilisateur anti-roulis chez certaines espèces.

Les pinnipèdes et les ours, mêmes origines

Les pinnipèdes, les ours et les mustélidés ont un ancêtre commun qui avait l'apparence d'un ours et vraisemblablement la taille d'un jeune phoque commun. Le sous-ordre des carnivores pinnipèdes, dont le nom signifie littéralement «pieds en forme de nageoires», regroupe les mammifères marins adaptés à une vie semi-aquatique. Ces habiles nageurs ont un corps fusiforme et hydrodynamique et des membres palmés et aplatis en forme d'aviron. Leurs narines, munies de valvules, se ferment durant la plongée. De longues vibrisses, raides et mobiles, garnissent leur museau et servent d'organes sensoriels. Les pinnipèdes disposent d'une épaisse couche de graisse isolante et d'une fourrure plus ou moins dense qui leur recouvre le corps.

On distingue trois familles de pinnipèdes: les otariidés ou otaries, les phocidés ou phoques et les odobénidés ou morses. Les otariidés habitent les mers de l'hémisphère Sud et le Pacifique Nord. Leurs membres antérieurs et postérieurs, qu'ils peuvent ramener sous le corps, sont robustes et leur servent à se déplacer autant sur le sol que dans l'eau. Les membres postérieurs jouent le rôle de gouvernail.

À l'exception du morse, tous les pinnipèdes de l'Atlantique Nord

▲ La queue remplace les membres postérieurs qui ont disparu chez les cétacés.
◀ Le corps des pinnipèdes est hydrodynamique, leurs pattes larges et palmées.
▶ p. 26-27: Les morses possèdent de grosses défenses et un pelage très réduit.

et de l'est de l'Arctique canadien font partie de la famille des phocidés. Contrairement aux otariidés, leurs oreilles sont dépourvues de pavillon. Leurs membres antérieurs plutôt courts servent peu à la locomotion terrestre. Sur la glace ou sur le sol, ils se déplacent maladroitement avec des contorsions, à peine aidés de leurs membres qu'ils ne peuvent replier sous le corps. Ils se laissent parfois glisser sur la glace ou rouler sur le dos pour accélérer leur progression.

La famille des odobénidés ne compte qu'une seule espèce, le

morse, qu'on trouve uniquement dans les eaux glacées de l'hémisphère Nord. Ce gros pinnipède a des canines proéminentes qui, avec l'âge, s'allongent en de grosses défenses. Son pelage est réduit, presque absent chez les vieux animaux. Ses membres postérieurs peuvent s'orienter vers l'avant et sous l'axe du corps comme chez les otaries. Cependant, le morse, à cause de son poids, n'a pas l'agilité de ces dernières ; il se déplace un peu à la manière des phoques.

Comportement et adaptations spécifiques

L'alimentation des baleines

Les cétacés se divisent en deux groupes bien distincts : les odontocètes et les mysticètes. Les odontocètes, ou baleines à dents (du grec *odous*, *odontos*, dent, et *ketos*, baleine), possèdent jusqu'à une centaine de paires de dents presque toutes semblables, simples et pointues. Les dauphins, les marsouins, les cachalots et les baleines à bec font partie de ce groupe. Il s'agit de baleines de petite taille possédant une forte nageoire dorsale semblable à l'aileron d'un requin, à l'exception de l'énorme cachalot macrocéphale, du béluga et du narval, qui en sont dépourvus. Les odontocètes chassent principalement des poissons ou des mollusques qu'ils happent par succion ou capturent un à un avec les dents.

Le second groupe, celui des mysticètes (du grec *mystax*, moustache, et *ketos*, baleine), réunit en général les baleines de plus de dix mètres de longueur (à l'exception du cachalot macrocéphale, le plus grand des odontocètes). Ces baleines dépourvues de dents ont la mâchoire supérieure garnie de plaques de corne effilochées appelées fanons. Les fanons sont disposés de part et d'autre de la bouche. Leur longueur et leur nombre varient suivant les espèces. Les fanons s'effilochent vers l'intérieur de la bouche, formant un tamis plus ou moins fin qui correspond généralement à la taille des proies consommées.

Les mysticètes se nourrissent en ingérant des bancs entiers de petits poissons ou de crustacés planctoniques, laissant leur gorge se gonfler au point de doubler le volume de leur corps. Ils expulsent ensuite l'eau avec la langue, qui agit comme un piston, tout en retenant la nourriture dans la bouche avec leurs fanons. Chez les rorquals (famille des balénoptéridés), des replis cutanés marquent la gorge et l'abdomen, formant de profonds sillons qui facilitent l'expansion et la rétraction de la gorge.

▲ La mâchoire supérieure des mysticètes est garnie de fanons...
En médaillon : ... des plaques cornées dont les extrémités effilochées servent de filtre.

◀ Les odontocètes possèdent des dents simples et pointues.

L'alimentation des phoques

Tous les pinnipèdes trouvent leur nourriture sous l'eau, souvent à des profondeurs où la vue devient insuffisante pour repérer les proies. On a rapporté plusieurs cas de phoques ou d'otaries aveugles mais jouissant par ailleurs d'une excellente santé. Or, les vibrisses, qui forment de généreuses moustaches sur le museau, s'avèrent très sensibles au toucher. Des expériences sur le phoque commun ont démontré qu'elles sont suffisamment sensibles pour percevoir les perturbations causées par une proie nageant à faible distance. Enfin, on a établi que certaines espèces de phoques et d'otaries n'ont aucune difficulté à s'orienter ou à suivre une proie sous l'eau même si leur vue est obstruée. Certains pinnipèdes produisent des sons qui pourraient être utilisés pour l'écholocation, comme chez les cétacés odontocètes, mais cela reste à prouver. Une fois sa proie localisée, le prédateur la saisit entre ses mâchoires garnies de dents pointues.

Le sommeil

Souvent, les baleines se reposent en se laissant ballotter à la surface, un comportement que l'on appelle *billotage*. On en a aussi vu flotter entre deux eaux la

tête en bas pendant plusieurs minutes avant de se redresser lentement vers la surface pour respirer. Les dauphins et marsouins alternent le sommeil d'un hémisphère cérébral à l'autre ; les deux côtés du cerveau ne sommeillent pas simultanément et se reposent l'un après l'autre. Il est possible que ce mode de sommeil soit commun à tous les cétacés, pour qui la respiration est volontaire, contrairement à la nôtre qui se fait automatiquement. Chez les pinnipèdes, le sommeil peut être complet mais il peut aussi alterner d'un hémisphère cérébral à l'autre. Ces derniers sommeillent sur des récifs ou sur la glace ou tout simplement à la surface de l'eau, la tête émergée ou entre deux eaux.

On a établi que les changements physiologiques entraînés par la plongée en apnée (sans apport d'oxygène) s'apparentaient à ceux du sommeil. Il est donc plausible que le temps passé sous l'eau contribue à reposer le cerveau. Cela expliquerait pourquoi le besoin de sommeil semble moins grand chez les mammifères marins que chez les espèces terrestres.

La vie en eau froide

Les mammifères marins habitent un milieu hostile. Ils évoluent dans des eaux souvent glaciales. L'épaisse couche de gras (pannicule) qui recouvre leur corps isole les organes internes du milieu extérieur et leur permet de résister à l'hypothermie. Chez les grandes baleines, par exemple, la pannicule peut atteindre une épaisseur de 20 à 30 cm. Baleines et phoques ont aussi la capacité de réduire les pertes de chaleur en restreignant la circulation sanguine dans les nageoires et l'épiderme. Un ingénieux couplage des veines et des artères permet également au sang artériel plus chaud de réchauffer le sang veineux provenant des extrémités. Les phoques ont en plus un pelage dense et hydrofuge qui les protège du froid. Grâce à ces adaptations, les mammifères

▲ Des bélugas se reposent en faisant du *billotage* à la surface.
◀ Un troupeau de morses dort profondément sur une échouerie.
En médaillon : Les vibrisses sont très sensibles au toucher.

marins peuvent supporter les froids les plus intenses. En hiver toutefois, lorsque la température de l'eau est plus supportable que celle de l'air, les phoques et les morses préfèrent rester dans l'eau.

Lorsqu'il fait plus chaud, les pinnipèdes, qui sortent de l'eau pour se reposer sur la terre ferme ou sur la glace, mettre bas, s'accoupler ou muer, connaissent parfois le problème contraire. Leur isolation les empêche d'évacuer l'énergie calorifique excédentaire. Ils combattent alors l'hyperthermie en faisant circuler beaucoup de sang dans leurs nageoires, qu'ils étalent au vent.

La plongée

Les cétacés disposent des mêmes moyens que les pinnipèdes pour lutter contre le froid et exécuter des plongées de longue durée. Leurs muscles peuvent emmagasiner de plus grandes réserves d'oxygène que ceux des mammifères terrestres. En plongée, ils ralentissent leur rythme cardiaque (bradycardie) et réduisent leur circulation sanguine, ne maintenant au niveau normal que l'irrigation du coeur et du cerveau. La plupart des plongées n'épuisent pas les réserves d'oxygène, mais lorsque l'oxygène emmagasiné dans les muscles vient à manquer, la contraction musculaire est alimentée par la dégradation anaérobique des réserves métaboliques.

Parce qu'elles vivent constamment immergées, les baleines ont aussi des facultés respiratoires particulières. Ainsi, elles respirent moins fréquemment et plus efficacement que les autres mammifères. À chaque souffle, elles vident complètement leurs poumons et les remplissent de nouveau à pleine capacité. En

général, les cétacés ne respirent qu'une ou deux fois par minute en surface et peuvent rester plusieurs dizaines de minutes sous l'eau. Le record a été établi par une baleine à bec commune harponnée par des chasseurs et qui n'a refait surface pour respirer qu'au bout de deux heures. Ce cas est toutefois exceptionnel. Chez la plupart des cétacés, les plus longues plongées dépassent rarement 30 minutes.

À l'exemple des baleines, les pinnipèdes disposent d'adaptations physiologiques qui leur permettent de pallier l'absence d'oxygénation durant la plongée. La plupart des phoques effectuent des plongées d'une durée moyenne qui ne dépasse pas trois minutes. Parmi les meilleurs plongeurs, on compte le phoque barbu et le morse, qui demeurent régulièrement 20 ou 25 minutes sous l'eau, et le phoque à capuchon, qui se nourrit parfois à de grandes profondeurs et peut rester plus de 50 minutes sans respirer.

La nage

Excellents nageurs, les cétacés se déplacent en ondulant le corps de haut en bas, contrairement aux poissons et aux reptiles, qui bougent le corps et la queue latéralement. Chez les baleines, la queue sert d'organe propulseur. Certaines espèces comme l'épaulard et le rorqual boréal atteignent plus de 40 km/h tandis que la baleine noire dépasse rarement 4 ou 5 km/h.

▲ En plongée, cétacés et pinnipèdes peuvent pallier le manque d'oxygénation.
◄ Baleines boréales et bélugas évoluent dans des eaux glaciales.

Les courtes pattes antérieures des phoques et des morses servent peu à la locomotion terrestre. Sur la glace ou sur le sol, ils se déplacent maladroitement. Dans l'eau, toutefois, ils manifestent une aisance remarquable et exécutent d'étonnantes prouesses. Ils se propulsent en déployant alternativement la palmure de leurs nageoires postérieures. Ces dernières jouent en même temps un rôle de gouvernail leur permettant d'effectuer des virages rapides. Les phoques peuvent atteindre des pointes de vitesse d'environ 10 à 15 km/h. Les phoques du Groenland se déplacent souvent en bondissant hors de l'eau, faisant du marsouinage comme les dauphins. Ils marsouinent aussi sur le dos et restent même à l'envers sous l'eau entre les sauts. Ce mode de déplacement très efficace réduit les dépenses énergétiques en diminuant le temps que l'animal passe dans l'eau à combattre la résistance de l'élément liquide.

L'écholocation

Bien adaptés à un mode de vie sous-marin où la lumière est atténuée ou presque inexistante, les cétacés jouissent d'une acuité visuelle comparable à celle des mammifères terrestres dont la vue est adaptée à la vie nocturne ou crépusculaire. Ils possèdent par ailleurs une ouïe très développée qui leur permet de percevoir des sons inaudibles à l'oreille humaine. Des expériences ont montré que plusieurs espèces d'odontocètes, dont les dauphins et le béluga, pratiquent l'écholocation pour s'orienter sous l'eau et capturer leurs proies. Ils émettent des cliquetis aigus et des ultrasons dont les ondes sonores voyagent rapidement dans l'eau. Ces sons se répercutent sur les obstacles fixes ou en mouvement comme le relief sous-marin et les poissons. L'écho ainsi produit est capté par l'animal qui crée une image mentale de ce qui se trouve devant lui. Les tissus

▲ Avec leur profil effilé, les rorquals peuvent atteindre de grandes vitesses.

► Le front bombé ou melon jouerait un rôle dans l'écholocation.

► p. 36-37 : Les bélugas forment des rassemblements spectaculaires.

► p. 38-39 : Un troupeau de phoques du Groenland sur la banquise.

adipeux et fibreux de leur front bombé (appelé melon) et les os de leur mâchoire joueraient un rôle dans l'émission et la réception de ces sons à haute fréquence, lesquels proviennent des voies respiratoires et tout particulièrement du conduit nasal. Lorsqu'une proie est détectée, les odontocètes augmentent la tonalité et la fréquence de leurs émissions sonores pour la localiser plus précisément. Des expériences ont démontré que ce «sonar» animal est plus précis que les meilleurs appareils fabriqués par l'homme.

La plupart des chercheurs sont convaincus que les cétacés mysticètes ne possèdent pas de sonar ou que, s'ils en ont un, il n'est pas aussi précis que celui des odontocètes. Il semble en effet que les baleines à fanons soient dépourvues du conduit nasal servant à émettre les sons d'écholocation chez les baleines à dents. Les recherches se poursuivent à ce sujet.

Les pinnipèdes ne sont apparemment pas dotés de ce mode sensoriel. Ils utilisent vraisemblablement d'autres sens, tels la vue et la perception tactile, pour naviguer et trouver leurs proies.

La vie en société

La plupart des cétacés, et tout particulièrement les odontocètes, sont sociables. Ils se déplacent en bandes plus ou moins grandes et organisées. Même les espèces les plus solitaires forment des groupes à un moment ou l'autre de leur cycle annuel. Certaines comme les globicéphales, les dauphins et les bélugas sont rarement vus seuls et forment fréquemment des bandes de plusieurs dizaines d'animaux ou même des troupeaux regroupant des centaines, voire des milliers d'individus. Sur la côte du Pacifique, on a pu démontrer que les épaulards forment des groupes sociaux très stables constitués d'une mère et des baleineaux mâles et femelles qu'elle a mis au monde au fil des ans. Un individu peut passer sa vie entière au sein du même groupe.

Les bandes de globicéphales et de bélugas semblent également se former autour d'un noyau matriarcal, mais des recherches récentes indiquent que les liens

entre les animaux ne dureraient pas aussi longtemps et que des bandes se forment et se séparent. Les jeunes mâles, entre autres, sont plus enclins à se séparer du groupe matriarcal. Chez le cachalot, on note la formation de pouponnières, des groupes de femelles adultes accompagnées de jeunes immatures des deux sexes, dont les jeunes mâles se séparent parfois pour former des groupes de célibataires.

Chez les mysticètes, les femelles sont de nature plus solitaires et ne gardent probablement pas contact avec leur veau au-delà des quelques mois d'allaitement. Les groupes d'adultes sont probablement constitués d'individus non apparentés.

La structure et la cohésion des groupes sont vraisemblablement maintenues par une constante communication entre les membres. Les sons audibles, infrasoniques ou ultrasoniques qu'ils émettent facilitent la communication entre individus de la même espèce Les chants du rorqual à

bosse et du béluga figurent parmi les plus variés du monde animal. Durant la période des amours, les rorquals à bosse répètent inlassablement pendant des heures de longs chants composés de sons ordonnés en séquences pratiquement invariables de 6 à 35 minutes chacune. Ces chants permettraient aux mâles de manifester leur présence sur un territoire et d'attirer l'attention des femelles. Les chants du béluga que l'on peut percevoir à l'aide d'un hydrophone n'ont pas cette structure ordonnée. Ils consistent plutôt en une succession de sifflements, de cliquetis, de claquements, de grincements et de grognements. En les écoutant les yeux fermés, on pourrait se croire entouré d'animaux de la jungle. Certains sons rappelant un chant d'oiseau ont valu au béluga le surnom de « canari de la mer ».

Les chants diversifiés et complexes des baleines ne sauraient être considérés comme un langage comparable à celui des humains, bien que leur vocabulaire serve tout de même à signaler des émotions ou à communiquer au groupe une observation ou une

intention quelconque. Chez certaines espèces de dauphins et chez le béluga, par exemple, on a pu répertorier des sons produits en situation de danger ou encore lors d'un échange agressif ou de la découverte de proies. Malgré tout, la fonction précise des sons émis par la majorité des cétacés demeure incertaine.

La plupart des pinnipèdes vivent en société et forment des groupes de différentes tailles. Lors de la reproduction et de la mue, plusieurs espèces de pinnipèdes se rassemblent sur la banquise. C'est le cas du morse, du phoque du Groenland, du phoque à capuchon et du phoque gris du golfe du Saint-Laurent, qui forment des échoueries pouvant réunir des milliers d'individus dispersés sur quelques dizaines de milles marins. Les phoques gris se réunissent aussi sur l'île de Sable pour les mêmes raisons. Au retour de l'été, avec le bris de la banquise flottante, on peut voir les morses regagner en grands groupes certaines îles de l'Arctique qui sont fréquentées par ces animaux depuis des centaines d'années. Sur ces rivages insulaires, ils occupent

quelques centaines de mètres de rivage et se reposent entassés les uns contre les autres. Lorsqu'ils ne sont pas réunis dans ces échoueries, les pinnipèdes sont en général moins grégaires. Durant les périodes de migration, la plupart se déplacent seuls ou en petits groupes. Le phoque du Groenland et le morse sont les pinnipèdes les plus sociables et ils forment des groupes de dizaines d'individus à longueur d'année.

Les pinnipèdes communiquent entre eux par des sons en apparence moins complexes que ceux des cétacés. La plupart émettent des grognements, des grincements ou des jappements. Durant la saison de reproduction, les phoques barbus et les morses mâles poussent sans contredit les cris les plus étranges. Les premiers émettent à répétition des sons modulés en cascades tandis que les seconds font entendre des sortes de cognements ponctués de tintements de cloche. Les phoques s'avèrent moins volubiles lorsqu'ils sont sur la terre ferme ou sur la glace que lorsqu'ils se déplacent dans l'eau,

peut-être pour éviter d'attirer l'attention de l'ours blanc ou des épaulards, leurs principaux prédateurs. Les sons que les phoques émettent sous l'eau peuvent voyager sur de longues distances ; jusqu'à 2 km dans le cas du phoque du Groenland et une dizaine de kilomètres pour le phoque barbu.

La reproduction et le soin des petits

On en connaît peu sur l'accouplement des cétacés parce qu'il se produit sous l'eau et s'avère difficile à observer. Chez plusieurs espèces de baleines à fanons, l'accouplement et la mise bas ont lieu durant la saison hivernale et sont en conséquence rarement observés. À l'occasion, on a pu voir, chez la baleine noire et la baleine boréale, un groupe de mâles harceler une femelle pour s'accoupler l'un après l'autre avec elle. Chez le rorqual à bosse, l'accouplement se produit alors que les animaux se placent l'un contre l'autre en position ventrale, l'une des baleines se retrouvant temporairement sur le dos.

On a également pu observer quelques mises bas. Les baleines à dents viennent souvent au monde la queue en premier. Le nouveau-né se met à nager aussitôt, bien qu'avec maladresse, parce que les lobes de sa queue ne sont pas complètement dépliés. Durant ses premières heures de vie dans l'eau, sa mère l'aide à faire surface en le poussant périodiquement vers le haut avec sa tête. La naissance d'un jeune béluga du Saint-Laurent suscite une grande excitation au sein du groupe dont il fait maintenant partie. Chacun cherche à s'en approcher et à l'inspecter dans une cacophonie de cris, de sifflements et de grognements.

La période de reproduction des pinnipèdes, plutôt courte et bien marquée, se produit à la fin de l'hiver ou au printemps. Les phoques s'accouplent en général sur la terre ferme ou sur la banquise de glace peu après la mise bas ou lorsque les petits sont sevrés. Le morse fait exception en s'accouplant sous l'eau.

Chez les baleines, la gestation dure entre 10 et 19 mois. Chez les pinnipèdes, elle a une durée de 10 à 12 mois incluant une période d'environ 3 mois où l'ovule fécondé ne se développe pas. Ce phénomène d'implantation retardée permet aux femelles de synchroniser la mise bas et l'accouplement post-partum avec la période de l'année où les conditions environnementales sont les plus propices.

En général, les mammifères marins ont un seul petit à la fois, les jumeaux étant très rares. Chez les phoques et les marsouins, les jeunes femelles matures peuvent avoir un petit à chaque année, mais pour les autres cétacés et le morse, l'intervalle moyen entre les naissances est de trois ans ou plus. Le phoque nouveau-né et le

---

▲ Le baleineau peut rester avec sa mère au-delà du sevrage.

◄ Le lait maternel des phoques est très riche en gras.

► p. 42 : Les glaces influencent la migration des bélugas et de tous les cétacés.

► p. 43 : Les phoques du Groenland migrent vers la banquise en hiver.

baleineau, tous deux très précoces, sont généralement en mesure de nager seuls dès la naissance. On voit parfois une baleine aider son nouveau-né à respirer en le supportant près de la surface avec son museau. Le jeune phoque vient au monde et est allaité par sa mère sur la banquise ou à l'abri d'un amoncellement de glace. La durée de l'allaitement varie entre 4 et 60 jours selon l'espèce. Au cours de cette période, le chiot croît rapidement et passe progressivement d'une nourriture lactée à une alimentation solide. Le lait maternel du phoque commun contient entre 42 et 53 % de matières grasses et celui du phoque gris environ 52 %, ce qui contribue à la croissance rapide de ces animaux. Par comparaison, le lait humain et le lait de vache ne contiennent environ que 3,5 % de gras. Le jeune phoque apprend à chasser en suivant sa mère dans ses déplacements et est ensuite laissé à lui-même. Chez les cétacés et le morse, l'allaitement peut durer plus d'un an. Durant cette période, le jeune suit sa mère de très près ; celle-ci, très attentionnée, est toujours prête à se porter à la défense de son petit, comme le font aussi parfois les autres adultes du groupe. Chez plusieurs espèces de mammifères marins, le jeune peut rester avec sa mère bien au-delà du sevrage : chez l'épaulard, le lien entre la mère et ses petits peut être maintenu toute la vie. Le lait des cétacés, dix fois plus riche que le nôtre, est constitué à près de 40 % de matières grasses. Durant les 7 mois d'allaitement, le jeune rorqual bleu grossit en moyenne de 85 kg par jour pour atteindre 23 tonnes.

La migration

Les connaissances sur le comportement des cétacés s'améliorent sans cesse depuis le début des années 1960. On sait que certaines espèces préfèrent la haute mer ou les grandes profondeurs alors que d'autres fréquentent le plateau continental et pénètrent dans les baies et les estuaires. La majorité des cétacés mènent une vie nomade, parcourant d'énormes distances à la recherche de proies ou de conditions climatiques favorables. Dans l'archipel arctique, la mer du Labrador, le golfe et

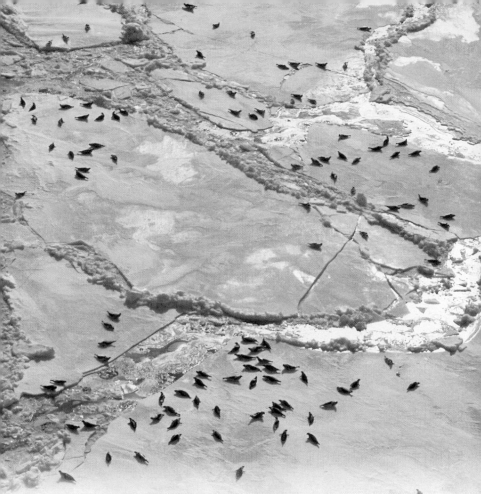

l'estuaire du Saint-Laurent, par exemple, la formation et le retrait des glaces jouent un rôle important dans la distribution saisonnière des baleines et de leurs proies.

La plupart des mammifères marins migrent entre les zones d'hivernage et celles où ils passent l'été. Les cétacés ont tendance à passer l'hiver plus au sud (comme le fait le rorqual à bosse) ou plus au large (c'est le cas du marsouin commun). En hiver, en effet, le couvert de glace réduit la productivité des écosystèmes côtiers, obligeant les animaux à rechercher leur nourriture ailleurs, en eau libre. La formation de la banquise menace aussi de

les emprisonner et, à long terme, de causer leur mort. Les cétacés arctiques sont mieux adaptés à la vie dans les glaces mais évitent quand même la banquise consolidée. Avec la fonte des glaces, les mammifères marins remontent ensuite vers le nord ou se rapprochent des régions côtières et pénètrent dans les baies et les mers intérieures, telles que le golfe et l'estuaire du Saint-Laurent et la baie d'Hudson, pour y passer la saison chaude. Ces mouvances correspondent souvent à la migration de leurs proies qui vont frayer sur les hauts fonds.

Les phoques du Groenland, les phoques à capuchon et les phoques gris du golfe du Saint-

Laurent migrent en hiver vers des bancs de glace ou des rivages insulaires pour mettre au monde leurs chiots, les allaiter et, peu après, s'accoupler de nouveau. D'autres, comme le phoque commun et les morses du bassin Foxe, sont relativement sédentaires. C'est aussi le cas des bélugas du Saint-Laurent et de la baie de Cumberland. Leurs aires d'été et d'hiver ne diffèrent que de quelques dizaines ou centaines de kilomètres, contrairement à des espèces ou populations migratrices, comme les bélugas de l'ouest de la baie d'Hudson ou le phoque du Groenland, qui peuvent parcourir mille ou deux mille kilomètres au cours de leur migration saisonnière.

Les échouages

Les médias rapportent régulièrement des cas de baleines échouées. Lorsqu'ils impliquent plusieurs spécimens, ces échouages sont parfois décrits pathétiquement comme des suicides collectifs. Les nombreuses théories cherchant à expliquer ces événements ne font pas l'unanimité, à l'exception du fait qu'il ne s'agit pas de suicides mais bien d'accidents.

Même si l'origine de ces échouages varie d'un cas à l'autre, ces accidents partagent quelques

caractéristiques communes. Les échouages massifs se produisent chez des espèces de baleines qui vivent en haute mer et sont de nature très sociable. Chez ces espèces caractérisées par des liens interindividuels ou familiaux très solides, on peut supposer que, si un individu s'échoue, le groupe entier répugnera à l'abandonner à son sort et tous ses membres finiront par s'échouer à leur tour, en cherchant à s'approcher de la victime.

Cependant, cette hypothèse ne permet pas d'expliquer pas tous les cas d'échouages massifs, par exemple ceux qui ont lieu sur des dizaines de kilomètres de rivage ou qui s'échelonnent sur plusieurs jours, chaque jour voyant s'ajouter de nouvelles victimes. Les échouages collectifs se produisent souvent sur des rivages à faible inclinaison où les baleines se laissent vraisemblablement surprendre par la marée basse. Sur un fond trop uniforme, leur système d'écholocation est peut-être inefficace. Une fois échouées, elles souffrent de stress physiologique et tombent rapidement en état de choc, ce qui explique la désorientation et la léthargie qu'on remarque chez elles lorsqu'on veut les aider à regagner la mer. Si vous êtes témoin d'un

échouage, communiquez rapidement avec la police ou les autorités responsables de l'environnement. Si l'animal est encore vivant, ne cherchez pas le pousser à l'eau ou à le tirer par les nageoires ou la queue, vous pourriez le blesser; attendez l'arrivée des spécialistes. Vous pouvez toutefois maintenir humide la peau de l'animal en l'arrosant ou en la couvrant d'un tissu mouillé. Assurez-vous que l'évent est bien dégagé pour que l'animal puisse respirer aisément. Au besoin, essayez de remettre l'animal droit en le faisant rouler doucement mais n'utilisez pas ses nageoires pour le faire rouler. Vous risqueriez de le blesser.

Plus fréquents sont les échouages individuels où un individu blessé ou malade va finir ses jours sur la plage ou sur un récif. D'autres meurent en mer et sont poussés sur le rivage par les vagues et la marée montante. Parfois, on constate aussi des mortalités multiples causées par des virus épizootiques ou par des algues toxiques. Ces animaux échoués offrent aux scientifiques l'occasion de rassembler de nouvelles connaissances. Selon l'état de la dépouille, il est possible d'en tirer des données anatomiques ou même physiologiques. Des nécropsies effectuées sur nombre de bélugas échoués dans l'estuaire du Saint-Laurent ont permis, par exemple, de mesurer des niveaux élevés de contamination par des composés organochlorés et de mettre au jour des pathologies ayant pu résulter de cette contamination et contribuer à la mort de ces animaux.

L'intelligence des mammifères marins

Certains auteurs sont d'avis que l'intelligence des dauphins et des baleines rivalise avec celle des humains. Ils font par exemple allusion à la grande taille du cerveau et à la complexité du cortex cérébral des dauphins et d'autres odontocètes. Ils notent aussi que les multiples sons qu'ils produisent révèlent l'existence d'une forme de langage chez ces animaux. Depuis plusieurs années, bien des chercheurs se sont penchés sur ces questions et, bien qu'il n'existe pas de consensus à ce sujet, il semble que l'intelligence des cétacés ne soit pas aussi grande qu'on ait pu la dépeindre. Il s'agit de mammifères superbement adaptés à leur environnement qui, par conditionnement et dressage, sont en mesure d'apprendre diverses tâches simples, comme on peut le constater dans les cirques marins. Les odontocètes possèdent un système d'écholocation, sorte de sonar biologique qui leur permet de s'orienter et de capturer leurs proies sous l'eau peu importe l'éclairage. Ce système expliquerait en bonne partie la grande taille et la complexité du cortex cérébral de ces animaux.

L'existence d'un langage chez les baleines est aussi remise en question. Il semble que les cétacés, particulièrement chez les espèces sociales, utilisent des sons spécifiques pour se faire reconnaître par les membres de leur groupe et se distinguer des étrangers. Ils utilisent aussi des sons pour manifester des émotions ou communiquer l'existence d'un objet ou d'une circonstance

particulière. Mais ces éléments de communication ne peuvent être considérés comme un système syntaxique similaire à celui des humains. Tout au plus pourrait-on les comparer au chant et aux cris des oiseaux. Les recherches et la controverse à ce sujet sont loin d'être terminés.

L'intelligence des pinnipèdes suscite moins de controverse. Ceux-ci possèdent un cerveau comparable à leurs cousins carnivores terrestres et leur intelligence ressemble à celle d'un ours.

▲ Des mammifères magnifiquement adaptés à leur environnement.
◀ p. 44-45 : Sauvetage d'un cachalot, Inverness, N.E., septembre 2004.
  En médaillon : Échouage de globicéphales noirs, Judique, N.E., août 2000.

Humains et mammifères marins : une relation ambiguë

L'être humain vit une relation ambiguë avec les mammifères marins. D'un côté il considère ces animaux comme une ressource qu'il exploite depuis des siècles, de l'autre il les vénère presque, leur attribuant une valeur symbolique bien réelle.

De tous les mammifères marins, les cétacés sont les plus populaires, même si bien des gens n'en ont jamais vu autrement qu'en photo ou à la télévision. Peu de récits ont autant frappé l'imagination que ceux des navigateurs et des baleiniers des siècles passés, sans compter l'engouement pour les films et les émissions télévisées à leur sujet. Qui ne connaît pas les aventures de Jonas dans la baleine, du cachalot Moby Dick, de Flipper le dauphin ou de l'épaulard Willy ? Ces noms font partie de la culture populaire.

Les recherches récentes sur le comportement social des mammifères marins, les nouvelles alarmantes sur le déclin des populations de grandes baleines, la précarité de plusieurs populations de bélugas, comme celle du Saint-Laurent, et les débats entourant les impacts nocifs de la pollution, du trafic maritime et de l'exploration sous-marine suscitent un intérêt croissant pour les cétacés. Des énigmatiques monstres marins qu'elles étaient autrefois, les baleines représentent aujourd'hui le symbole bien concret de la nouvelle morale écologiste.

L'intérêt du public pour les pinnipèdes n'est pas aussi développé. Il est alimenté par les défenseurs des droits des animaux qui véhiculent des nouvelles alarmistes sur les conséquences de la chasse aux phoques ou par les pêcheurs qui s'insurgent contre le trop grand nombre de phoques et leur impact sur les pêches commerciales.

Quel que soit l'intérêt qu'on leur porte, les mammifères marins ne laissent personne indifférent. Après tout, nous partageons la même planète.

Les hauts et les bas d'une industrie

La chasse aux cétacés remonte à des temps immémoriaux. Les Inuits, qui habitent le Nord canadien depuis au moins 4 000 ans, utilisaient déjà à leur arrivée dans cette partie du continent des lances et des harpons à pointe détachable pour chasser les mammifères marins, incluant les baleines. Des chasseurs norvégiens ont laissé des fresques représentant des scènes de chasse à la baleine qui remontent à plus de 2 000 ans avant J.-C. Un peu partout dans le monde, la chasse côtière s'est développée chez les peuples ayant une tradition de pêcheurs. Les prises comprenaient surtout des petits cétacés : marsouins, dauphins ou globicéphales. On prenait parfois de grandes baleines comme la baleine noire, la baleine grise ou le rorqual à bosse qu'on capturait avec des harpons ou des filets ou encore en les rabattant vers les baies peu profondes.

Déjà au 13e siècle, les Basques chassaient la baleine noire partout dans l'Atlantique Nord. En 1578, une trentaine de bateaux basques chassaient au large de Terre-Neuve. À plusieurs endroits, comme sur l'île aux Basques, en face de Trois-Pistoles, on peut encore voir des fours qui leur servaient à faire fondre la graisse de baleine lors de leurs expéditions dans le golfe. La découverte à Red Bay, sur la côte du Labrador, de l'épave d'un galion espagnol, le San Juan, qui a coulé à pic en 1565 avec sa cargaison d'huile, a éclairé d'un jour nouveau les activités des Basques dans nos eaux. Cette chasse était fort lucrative. L'huile de baleine, servant de combustible domestique, était fort recherchée en Europe. Les fanons obtenaient aussi de bons prix chez les fabricants de corsets.

Plusieurs autres pays européens se lancèrent dans cette entreprise lucrative aux 16ᵉ et 17ᵉ siècles. Mais c'est l'industrie baleinière de la Nouvelle-Angleterre qui prit le plus d'ampleur. Au 17ᵉ siècle, les Américains commencèrent la chasse le long de leurs côtes. Aux 18ᵉ et 19ᵉ siècles, cette industrie se développa dans des proportions considérables, atteignant son apogée en 1850 : 700 navires américains pourchassaient les baleines sur tous les océans du globe.

Une chasse aussi intensive ne tarda pas à avoir des conséquences dramatiques sur les stocks de baleines, provoquant notamment la disparition de la baleine grise de l'Atlantique et une réduction alarmante des populations de baleines boréales et de baleines noires. La difficulté de capturer des baleines de plus en plus rares et la découverte du pétrole, qui vint remplacer l'huile comme combustible d'éclairage, causèrent le déclin de cette industrie.

Les rorquals n'y échappent plus

Les baleiniers avaient souvent vu les grands rorquals au cours de leurs voyages. Mais ces grandes baleines étaient trop rapides pour leurs voiliers et, contrairement aux petites baleines qu'ils chassaient, elles coulaient lorsqu'elles étaient touchées. Ce n'est qu'avec l'invention du moteur et, quelques années plus tard, en 1868, du canon lance-harpon que l'on fit la chasse aux rorquals. Le harpon à tête explosive les tuait net, et on s'empressait de leur souffler de l'air dans les entrailles pour les empêcher de couler. Ces inventions relancèrent la chasse aux grandes baleines à partir de stations côtières dans l'hémisphère nord; en 1904, d'autres stations virent le jour dans l'Antarctique, où les rorquals étaient très abondants.

Les produits de la baleine connurent à nouveau une importante demande, surtout au Japon et en

Europe de l'Ouest. L'huile entrait dans la fabrication de la margarine ou du savon et la viande servait à la consommation humaine. Toute une variété d'autres produits était tirée des baleines, les carcasses étant utilisées dans leurs moindres parties.

En 1923, des flottes baleinières firent leur apparition dans les eaux de l'Antarctique et du Pacifique. Chaque flotte était composée d'un bateau-usine et d'une flottille de bateaux chasseurs. Terriblement efficace, une flotte pouvait capturer plus d'une dizaine de rorquals par jour. Les plus gros, les rorquals bleus, pouvant peser 145 tonnes et mesurer plus de 31 mètres, étaient mis en quartiers sur le bateau-usine en moins d'une heure ! La chasse pélagique dans l'Antarctique atteignit son sommet dans les années 1930

avec 41 flottes, mais cessa complètement pendant la Seconde Guerre mondiale (1939-1945).

Au cours des années qui suivirent, environ 35 000 baleines ont été capturées annuellement par les flottes baleinières dans l'Antarctique. À cela s'ajoutent les prises effectuées aux stations côtières de l'Atlantique, pour un total annuel d'environ 44 000 prises. Ces chiffres impressionnants avaient de quoi inquiéter ceux qui avaient encore à l'esprit la quasi-disparition de la baleine grise, de la baleine boréale et de la baleine franche. Vers le milieu du 20e siècle, la chasse aux grandes baleines était devenue beaucoup moins lucrative. Les prises étaient moins nombreuses et les dérivés du pétrole et des huiles végétales avaient respectivement remplacé l'huile de baleine dans les lampes d'éclairage et les margarines, et le plastique en était venu à prendre la place des fanons dans les corsets.

Après plusieurs tentatives infructueuses visant à instaurer une gestion durable de la chasse, un moratoire international, décrété en 1986, mit fin à cette industrie lucrative mais non soutenable. Quelques pays continuèrent à chasser en profitant d'exemptions pour les activités de chasse autochtone de subsistance ou à des fins scientifiques, mais les prises ont été limitées depuis. La chasse commerciale au petit rorqual a repris depuis quelques années en Norvège malgré l'opposition des États membres de la Commission baleinière internationale.

▲ Navire à canon harponneur, station baleinière de South Dildo, T.-N., 1971.

◄ p. 48 : Narval capturé par un chasseur inuit près de la banquise au printemps.

◄ p. 49 : Chasse à la baleine noire en Nouvelle-Angleterre vers 1850.
En médaillon : Four servant à fondre la graisse de baleine au Groenland, au début du 20e siècle.

◄ p. 50-51 : Station baleinière sur la côte de l'Atlantique Nord en 1768.
En médaillon : Restes d'un crâne de petit rorqual pris au Groenland à l'été 2004.

La chasse aux petits cétacés

La chasse aux marsouins, dauphins, globicéphales et bélugas remonte à longtemps sur nos côtes; elle était pratiquée par les Autochtones avant la colonisation européenne et avait pris de l'ampleur avec l'arrivée de ces nouveaux occupants. Ces espèces ont sans doute servi de nourriture d'appoint aux populations côtières. Les Inuits en particulier pratiquent la chasse aux petits cétacés depuis des siècles, avec leurs kayaks, leurs lances et leurs harpons à pointes articulées. Le béluga et le narval sont des espèces très prisées par ces derniers pour leur peau épaisse mais relativement tendre, qui est mangée crue avec une couche de gras sous-cutané.

Dans l'est du Canada et dans l'Arctique, plusieurs chasses commerciales aux bélugas et aux globicéphales se sont aussi développées au cours des siècles der-

niers. Dans le Saint-Laurent, depuis la fin du 19e jusqu'au milieu du 20e siècle, des chasses commerciales ont été entreprises à Rivière-Ouelle, à l'île aux Coudres, à Pointe-Lebel (estuaire de la Manicouagan) et aux Escoumins. La Compagnie de la Baie d'Hudson, et à un moindre degré la compagnie Révillon Frères, ont entrepris de faire la chasse aux bélugas dans le Nord québécois, le Nord manitobain et le Nunavut (partie des Territoires du Nord-Ouest devenue un territoire distinct). Des postes de traite ont été créés autour de la baie d'Ungava, sur la péninsule d'Ungava, sur l'île de Baffin et sur les côtes est et

▲ La chasse au narval fait partie des traditions inuites.
En médaillon : Ballots de peau et de gras de narval prêts pour l'entreposage.

ouest de la baie d'Hudson. Leurs responsables ont poursuivi activement la chasse aux bélugas en engageant des chasseurs inuits et en achetant le produit de leur chasse. Résultat: dans presque tous les cas, les populations animales affectées par ces chasses commerciales ont subi un déclin considérable et plusieurs se retrouvent maintenant sur la liste des espèces menacées ou en voie de disparition. On pense même que les populations de bélugas de la Manicouagan et celle de la baie d'Ungava ont disparu et que les quelques individus qu'on y voit proviennent d'ailleurs. La seule exception est la population de l'ouest de la baie d'Hudson, dont le nombre était apparemment assez considérable pour soutenir l'effort de chasse sans déclin apparent.

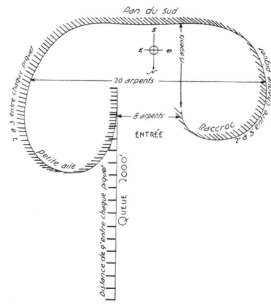

▲ Ancienne station baleinière de la Compagnie de la Baie d'Hudson, Pangnirtung, Île de Baffin.

▲ Schéma d'une pêche à béluga en usage à l'île aux Coudres au début du 20ᵉ siècle.

La chasse aux phoques et aux morses

Dans l'Arctique et le Nouveau-Québec (Nunavik), la chasse au phoque annelé, au phoque barbu et au morse représente un élément important de l'économie inuite. Les chasseurs en tirent la nourriture pour leur famille et utilisent les peaux et le cuir pour la confection des vêtements et du matériel. L'ivoire des défenses de morse, brut ou sculpté, fait l'objet d'un important commerce, ce qui a suscité quelques inquiétudes pour la conservation de l'espèce. Des règlements permettent maintenant de contrôler cette activité, depuis la capture des animaux jusqu'à la vente et l'exportation d'ivoire.

Dans les eaux du golfe du Saint-Laurent et de l'Atlantique, seuls le phoque du Groenland et, à un

moindre degré, le phoque à capuchon ont été chassés intensivement à des fins commerciales. Entre 1949 et 1982, la courte saison printanière de la chasse au phoque du Groenland produisait une récolte de plus de 150 000 à 300 000 bêtes par année sur le Front (banquise de glaces flottantes dans la région du nord de Terre-Neuve et du sud-est du Labrador) et dans le golfe, dont 80 % de nouveau-nés, ou blanchons. Certaines organisations visant la conservation de la nature et la protection des droits des animaux se sont vivement

opposées à cette activité pour des motifs d'ordre essentiellement éthique et, en 1982, le Parlement européen a banni l'importation des produits du phoque par les pays membres de l'Union européenne. En 1987, le ministre des Pêches et des Océans du Canada a interdit les prises commerciales de blanchons, ce qui a entraîné une forte réduction de l'exploitation des phoques du Groenland. La chasse aux blanchons demeure interdite mais la chasse commerciale aux juvéniles et aux adultes a toutefois repris en 1996. On en

capture depuis entre 240 000 et 310 000 par année, la plupart des «brasseurs» (jeunes de 25 jours à 13 mois). Malgré cette chasse très importante, la conservation de l'espèce n'est pas mise en jeu, la population ayant atteint en 1999 environ 5,2 millions d'individus. Cette exploitation fait partie d'un plan de chasse durable qui vise à stabiliser la population sous un niveau de référence démographique estimé à 3,85 millions.

Les pêcheurs considèrent le phoque commun et le phoque gris comme des fléaux. Ils les accusent avec raison de causer des dommages aux agrès de pêche et, surtout dans le cas du phoque gris, d'être porteurs d'un parasite de la morue. Le phoque gris est en effet l'hôte final du cycle de vie d'un nématode du genre *Terranova* dont les larves infectent la morue et en rendent la chair non commercialisable. On reproche aussi à ces animaux de capturer des quantités considérables de poissons d'intérêt commercial comme la morue, le maquereau et le hareng. Dans les Maritimes, le phoque gris fait l'objet d'une chasse commerciale de faible envergure tandis que le phoque commun est chassé à des fins de subsistance, en particulier à Terre-Neuve-et-Labrador.

L'observation des mammifères marins, une industrie en expansion

Entre Lévis et Gaspé et de Québec jusqu'à Mingan, aux îles de la Madeleine, ainsi qu'à bien des endroits dans les Maritimes, de nombreuses entreprises offrent des croisières et des excursions d'observation des baleines et des phoques. Il suffit de faire une recherche sur Internet pour en trouver plusieurs dizaines. La région de Baie-Sainte-Catherine et Tadoussac, à l'embouchure du Saguenay, dans l'estuaire du Saint-Laurent, est sans conteste le site d'observation le plus populaire. Chaque année, plus de 300 000 personnes viennent y observer les baleines et profiter d'un paysage exceptionnel. À

Tadoussac, le Centre d'interprétation des mammifères marins constitue un arrêt obligatoire pour ceux et celles qui désirent «tout» savoir sur ces animaux fascinants.

L'expansion de cette véritable industrie a suscité de l'inquiétude au sujet du dérangement que les activités d'observation pourraient causer aux mammifères marins, particulièrement les baleines, et du risque de collision. Afin de pallier ce problème, des règles de conduite ont été mises en place pour éviter les accidents et réduire le dérangement le plus possible, tout en permettant aux touristes comme aux résidents de pouvoir observer les baleines et les phoques à loisir.

Les mammifères marins en captivité

De nombreux zoos et aquariums maintiennent des mammifères marins en captivité. Au Canada, en 1999, 13 établissements hébergeaient 24 otaries, 36 phoques, 3 loutres de mer, 17 baleines à dents et une vingtaine d'ours blancs. Aux États-Unis, la même année, 116 établissements possédaient environ 1 400 mammifères marins, la plupart étant des phoques communs, des dauphins à gros nez, des otaries de Californie et des ours blancs.

Les établissements zoologiques sont une fenêtre sur le monde animal. Ils donnent l'occasion à des millions de personnes de voir de près certains animaux qu'elles n'auraient peut-être jamais la chance de voir dans leur milieu naturel. Par leurs activités éducatives, les zoos et les aquariums contribuent à l'éveil de la population à la protection de la nature. Ils proposent également aux scientifiques des conditions exceptionnelles leur permettant d'étudier l'anatomie, la physiologie et le comportement des animaux de

très près. Les études réalisées en captivité ont permis par exemple de montrer l'existence de l'écholocation chez les odontocètes et d'observer en direct la naissance de baleineaux.

En dépit de leur contribution bien réelle à la protection de la biodiversité et au développement des connaissances scientifiques, les établissements zoologiques ne font pas l'unanimité. Plusieurs considèrent inadéquates les conditions de garde des mammifères marins en captivité, déplorant le manque d'espace et la pauvreté des stimulations qui engendrent parfois l'ennui chez

▲ Béluga dans un bassin de l'Aquarium de Vancouver.
◄ p. 55 : Flotteurs et lignes de harpons en peau de phoque utilisés par les Inuits.
◄ p. 56-57 : Des chasseurs inuits examinent le morse qu'ils ont capturé sur la banquise.
En médaillon : Viande de morse empaquetée dans la peau pour être entreposée.
◄ p. 58-59 : L'observation des cétacés est populaire dans la région de Tadoussac.

les pensionnaires. Au Canada, aux États-Unis et en Europe, les zoos et aquariums se sont dotés de codes d'éthique et de bonnes pratiques qui visent une amélioration constante de ces conditions. L'entraînement et le dressage font partie des mesures visant à maintenir les animaux en bonne santé physique et psychologique.

Le dressage des mammifères marins

La sociabilité d'une espèce de mammifère marin peut la disposer en captivité à accepter et même à rechercher des contacts avec l'être humain. Ainsi, les otaries, les dauphins à gros nez, les épaulards et les bélugas, espèces très sociables, s'avèrent plus faciles à dresser que d'autres espèces, et cette caractéristique est vite renforcée par des récompenses et des marques d'affection de la part des entraîneurs. Cette capacité d'être dressé n'a pas échappé aux gardiens d'animaux qui, déjà au 19e siècle, produisaient parfois en spectacle des otaries de Californie, voire des dauphins. C'est au 20e siècle que les cétacés devinrent des têtes d'affiche pour les aquariums et les « océanoriums », et de nombreux établissements présentent maintenant des spectacles de dauphins, de bélugas et d'épaulards. Ces spectacles font la grande joie des visiteurs mais sont condamnés

par les opposants à la captivité des animaux. Quoiqu'il en soit, s'ils sont bien faits et respectent la dignité des animaux, ils peuvent mettre en évidence les capacités physiques et l'intelligence des mammifères marins tout en leur permettant de se dégourdir et de rester en forme.

Le dressage des mammifères marins sert aussi la recherche scientifique, en facilitant les examens, les prélèvements sanguins, la prise de données physiologiques ou les expériences nécessitant la docilité ou une participation active de l'animal. Ainsi, on a pu apprendre à des dauphins, des bélugas et même à des morses à se tenir devant des appareils scientifiques et à répondre à certains stimuli de façon à pouvoir détecter leur capacité d'entendre des sons ou de comprendre des signes selon une syntaxe quelconque. Enfin, depuis quelques dizaines d'années, des otaries de Californie, des dauphins à gros nez et des bélugas sont soumis à un dressage à des fins militaires, comme la détection de mines ou de plongeurs ennemis, la récupération de torpilles et des opérations de sauvetage.

▲ Spectacle d'épaulards à MarineLand, Niagara Falls, Ontario.
◀ Dressage d'un phoque commun à l'Aquarium de Québec.

Gestion, conservation et recherche

La gestion et la conservation des mammifères marins

Les cétacés

À la suite de l'essor anarchique de la chasse commerciale au cours des trois derniers siècles et de l'invention du moteur et du harpon explosif à la fin du 19ᵉ siècle, les populations de grandes baleines, à l'exception du petit rorqual, ont été décimées les unes après les autres. Reconnaissant enfin la nécessité de préserver cette importante ressource, la majorité des États participant à cette chasse ont formé en 1946 une commission internationale, l'International Whaling Commission (Commission internationale de la chasse à la baleine, CICB). Cette commission n'a pas réussi à empêcher le déclin progressif de nombreux stocks de grandes baleines. Cependant, elle a contribué au développement de la recherche sur les cétacés et assuré la protection des espèces les plus menacées.

Les critiques ont souvent été sévères à l'endroit de la CICB. En effet, celle-ci a été incapable d'empêcher la diminution progressive des populations mondiales de baleines. Selon l'Union mondiale pour la nature (UICN), la CICB a fixé chaque année des quotas de chasse trop élevés. D'autres groupes de conservation ont aussi accusé la Commission de se plier aux intérêts à court terme de l'industrie et de ne pas assurer la pérennité des ressources exploitées.

En fait, la faiblesse de la CICB est due à sa constitution qui permet à tout État membre de protester dans les 30 jours contre une mesure adoptée à la majorité des voix et de se voir ainsi dispensé de l'obligation d'appliquer cette mesure. Dans un tel cas, les autres États membres ont 30 jours supplémentaires pour protester à leur tour, même s'ils ont voté en faveur de la mesure. Ce droit de réserve, qui peut paraître saugrenu, avait été inclus dans la convention afin de s'assurer de la présence au sein de la CICB de tous les États baleiniers, particulièrement ceux qui possèdent des flottes pélagiques. Peu à peu, pour qu'une mesure survive au veto et obtienne l'appui général, les États membres en vinrent à diluer leurs propositions.

Face à la diminution de plus en plus apparente des populations de baleines, plusieurs pays, dont les États-Unis et le Canada, sous la pression de l'opinion publique, ont mis fin à leurs activités de chasse. La chasse aux grandes baleines était en effet une activité fort importante dans les eaux canadiennes. Vingt-sept stations côtières, situées pour la plupart le long des côtes du Labrador et de Terre-Neuve, étaient en exploitation entre 1898 et 1970. L'une d'elles, située à Sept-Îles entre 1911 et 1915, capturait surtout des rorquals communs et des rorquals bleus. La diminution des prises de rorquals entraîna la fermeture graduelle de ces stations. En 1952, il ne restait plus qu'une station, dans la baie Trinity à Terre-Neuve. En 1964, à Blanford, en Nouvelle-Écosse, et en 1967, à Williamsport, à Terre-Neuve, la chasse a repris temporairement avec l'espoir que plus de dix années de répit auraient permis aux populations locales

de se reconstituer. Des études indiquent le contraire ont amené le gouvernement canadien à interdire la chasse en 1972.

En 1973, les États-Unis ont proposé un moratoire total de dix ans afin de permettre une meilleure évaluation des populations et de recueillir des données biologiques essentielles à la gestion efficace de la chasse. Cette proposition a été rejetée, mais l'année suivante, la CICB a accepté la recommandation de son comité scientifique de fixer des quotas de chasse particuliers à chaque stock de baleines. Cette nouvelle procédure d'aménagement promettait une gestion rationnelle des espèces encore exploitées, mais l'obtention d'informations scientifiques précises reposait sur la bonne volonté des États membres. Selon l'UICN, cette procédure

s'avéra inefficace à cause de «l'indiscipline scientifique et de la répugnance des pays ayant des intérêts importants dans l'industrie baleinière à appuyer des mesures qui pourraient restreindre leurs intérêts».

Le Japon et l'ancienne URSS, derniers pays à posséder des flottes pélagiques ont été les principales cibles de ces critiques. Ces pays avaient en effet d'importants intérêts financiers et répugnaient à cesser leurs activités. En 1965, par

▲ Bateau harponneur ramenant deux petits rorquals, Terre-Neuve, 1971.
◀ p. 64 : Chasseur inuit visant un béluga, baie Cumberland, île de Baffin.
◀ p. 65 : Bélugas ramenés sur le rivage pour y être dépecés. En médaillon :
La peau et le gras de béluga sont des mets appréciés des Inuits.

exemple, le Japon avait sept flottes en service dans l'Antarctique. Graduellement, la non-rentabilité de la chasse obligea quand même les responsables à diminuer leurs activités. En 1976, le Japon ne possédait plus qu'une flotte, et il a mis fin à ses opérations pélagiques en 1987. L'URSS, de son côté, qui n'avait plus que deux flottes pélagiques en 1981, a cessé complètement ses opérations baleinières en 1987.

En 1979, après avoir rejeté une nouvelle proposition de moratoire, la CICB a réussi quand même à édicter un arrêt de la chasse pélagique pour toutes les grandes baleines, à l'exclusion du petit rorqual, dont les populations semblaient alors suffisantes. En 1980, les États-Unis sont revenus à la charge avec une proposition d'arrêt total de la chasse côtière et pélagique. Comme en 1979, la proposition fut rejetée par la majorité des États membres.

En 1986, un moratoire international mettant fin à la chasse commerciale de toutes les espèces de grandes baleines a été finalement mis en vigueur par la CICB. Cependant, quelques États comme la Norvège, l'Islande et le Japon ont poursuivi la chasse commerciale quelques années encore. Par la suite, ils ont obtempéré mais ils ont émis des permis de capture à des fins scientifiques autorisant encore plusieurs centaines de prises par année (de petits rorquals pour la plupart) et justifiant leur décision par le besoin de données sur la dynamique des populations en vue de la

reprise éventuelle de la chasse commerciale. La chair des spécimens capturés est vendue, en accord avec un règlement de la CICB interdisant le gaspillage. Cela a poussé certains groupes de conservation à accuser les États participants de déguiser la chasse commerciale en recherche scientifique.

Durant le moratoire, dont la durée initiale a été fixée à 10 ans, seules les chasses autochtones destinées à la consommation locale étaient permises; même dans ce cas, des limites de capture étaient imposées. Selon les règles de la CICB, les chasseurs groenlandais pouvaient prendre chaque année une centaine de petits rorquals et une vingtaine de rorquals communs, et les Inuits du nord de l'Alaska, une cinquantaine de baleines boréales. Des Sibériens ont pris, jusqu'en 1991, 150 baleines grises par année.

Le moratoire international a par la suite été prolongé parce que les États membres ne s'entendaient pas sur les conditions de reprise de la chasse commerciale. Ce désaccord a poussé la Norvège à reprendre unilatéralement la chasse commerciale au petit rorqual en 1994. Cette chasse suit cependant les règles de gestion prudente proposées par le comité scientifique de la CICB. En 2003, l'Islande a annoncé son intention de reprendre la chasse

▲ Rorqual commun en dépeçage, station baleinière de South Dildo, 1971.

dans le nord-est de l'Atlantique. Le Japon continue à prendre des petits rorquals dans l'Antarctique à des fins de recherche scientifique, s'opposant ainsi au statut de refuge déclaré pour la zone en 1994 par une majorité des États membres de la CICB.

Le bilan des réalisations de la CICB paraît à première vue peu brillant. Celle-ci a quand même permis, par son existence, de favoriser les échanges entre cétologistes et de créer un forum international propice au développement de la science

des mammifères marins. Les rapports publiés chaque année par la CICB ont permis au public, et en particulier aux groupes de conservation, d'être au courant de ces problèmes. Enfin, par son action, la CICB a permis de protéger certaines espèces de baleines sérieusement surexploitées. Il ne fait aucun doute qu'en l'absence d'un tel organisme, la plupart des populations de baleines exploitées auraient été décimées plus rapidement sans qu'on ait eu l'occasion d'en étudier les paramètres.

La protection dont jouissent les populations de baleines les plus menacées a permis un redressement démographique chez certaines espèces comme la baleine grise, le rorqual à bosse et la baleine boréale, mais d'autres, comme la baleine noire, ne semblent pas profiter de ce répit. Par ailleurs, les modifications que l'être humain fait subir à l'environnement marin en y déversant ses effluents industriels et domestiques, en contrôlant le débit des rivières, en forant le fond marin, en pratiquant une pêche non viable et en augmentant le trafic maritime, sont autant de sujets d'inquiétude pour l'avenir des cétacés.

Les petites baleines, en majorité des odontocètes, ne relèvent pas officiellement de la CICB, même si cette dernière publie régulièrement des rapports à leur sujet. Les populations de petits cétacés sont gérées soit à l'échelle nationale, soit par des ententes entre États voisins. La «Inter-American Tuna Commission», par exemple, gère la question des prises accidentelles de dauphins au cours des pêches au thon. Une commission conjointe Canada-Groenland sur la conservation et la gestion du narval et du béluga a été créée en 1991. La même année, plusieurs États de l'Atlantique Nord, dont la Norvège, l'Islande, les îles Féroé et le Groenland, ont formé une commission multinationale sur les mammifères marins. Cette commission ressemble à la CICB en ce qu'elle

étudie les populations et l'impact de la chasse et de l'état de l'environnement sur les mammifères marins, mais elle entend gérer autant les grands cétacés, comme cette dernière, que les autres cétacés et les pinnipèdes de l'Atlantique Nord qui occupent les eaux de ses États membres, incluant les régions arctiques influencées par les eaux de l'Atlantique Nord.

Dans l'est du Canada, un certain nombre de stations baleinières pour la chasse aux rorquals, aux globicéphales noirs et aux bélugas a subsisté jusqu'en 1972, année où le gouvernement canadien a mis fin à la chasse commerciale.

Aujourd'hui, la chasse aux cétacés n'est permise au Canada que pour la consommation locale des populations autochtones. Elle est pratiquée surtout dans l'Arctique par les chasseurs inuits, qui exploitent depuis des siècles le béluga, le narval et la baleine boréale. Les populations animales y sont gérées par des comités de cogestion composés de représentants du gouvernement canadien et de chasseurs inuits.

Certaines populations de cétacés sont désignées en voie de disparition ou menacées dans les eaux canadiennes par le Comité sur la situation des espèces en péril au Canada (COSEPAC). En vertu de la Loi sur les espèces en péril au Canada, adoptée en 2003, ces espèces doivent bénéficier d'un plan de rétablissement. Ces plans visent à augmenter les effectifs

---

▶ Jeune phoque annelé capturé par des chasseurs inuits.
◀ p. 70-71 : Dépeçage de la tête d'un rorqual commun, South Dildo, Terre-Neuve, 1971.

et à réduire les risques d'extinction dans nos eaux. De tels plans existent ou sont en voie d'être parachevés pour plusieurs populations en péril, comme les bélugas du Saint-Laurent et les baleines boréales de l'est de l'Arctique.

Les pinnipèdes

La chasse a certainement réduit plusieurs populations de pinnipèdes mais pas au point de les mettre en péril. Aucune n'est présentement sur la liste des populations en péril au Canada à l'exception de la petite population de phoques communs de la sous-espèce *mellonae* qui peuple le lac des Loups marins, dans le Nord du Québec, et dont la situation est jugée préoccupante.

Dans le golfe du Saint-Laurent, la disparition virtuelle des morses résulte de la chasse abusive dont ces animaux ont fait l'objet au cours des derniers siècles. On voit encore quelques rares individus à l'occasion, mais il semble que la population d'origine ait été éliminée.

Des mesures de gestion plus exigeantes, et surtout la diminution de la demande pour les produits de la chasse au phoque sur les marchés internationaux, ont entraîné une diminution des captures. Les phoques de l'est du Canada ne souffrent pas de surexploitation ; au contraire, certaines espèces se sont multipliées à tel point que leur grand nombre cause des problèmes à l'industrie des pêches. C'est le cas du phoque du Groenland dont on cherche actuellement à réduire le nombre à son niveau de productivité maximal, de manière à réduire sa prédation sur les poissons de fond. Chez les autres espèces pour qui les données

ESPÈCES OU POPULATIONS EN VOIE DE DISPARITION, MENACÉES OU PRÉOCCUPANTES

Espèces en voie de disparition	
Rorqual bleu *Balaenoptera musculus*	Partout dans son aire de répartition
Baleine noire *Eubalaena glacialis*	Partout dans son aire de répartition
Baleine boréale *Balaena mysticetus*	Population de l'est de l'Arctique
Béluga *Delphinapterus leucas*	Population de la baie d'Ungava, population du sud-est de l'île de Baffin et de la baie Cumberland, population du fleuve Saint-Laurent
Baleine à bec commune *Hyperoodon ampullatus*	Population du plateau néo-écossais, océan Atlantique
Espèces menacées	
Béluga *Delphinapterus leucas*	Population de l'est de la baie d'Hudson
Espèces préoccupantes	
Rorqual commun *Balaenoptera physalus*	Océan Atlantique
Marsouin commun *Phocoena phocoena*	Population de l'Atlantique Nord-Ouest
Béluga *Delphinapterus leucas*	Population de l'est du Haut-Arctique et de la baie de Baffin
Phoque commun de la sous-espèce du lac des Loups marins *Phoca vitulina mellonae*	Québec

Cette liste d'espèces ou de populations de mammifères marins en voie de disparition, menacées ou préoccupantes dans l'est du Canada est basée sur les évaluations officielles publiées par le COSEPAC.

Est considérée en voie de disparition toute espèce exposée à une disparition ou à une extinction imminente (à cause de facteurs naturels ou de l'intervention humaine).

Est considérée menacée toute espèce susceptible de devenir en voie de disparition si les facteurs limitants auxquels elle est exposée ne sont pas inversés.

Est considérée préoccupante toute espèce particulièrement sensible aux activités humaines ou à certains phénomènes naturels, mais qui n'est pas en voie de disparition ou menacée.

▶ Pesée d'un phoque gris par une équipe scientifique.

d'évaluation sont moins précises, on applique une approche de gestion plus prudente. Certaines zones sont interdites aux chasseurs, comme l'île de Sable pour le phoque gris et le golfe du Saint-Laurent pour le phoque à capuchon.

La recherche sur les mammifères marins

Il est difficile de rendre justice à un domaine aussi vaste en quelques paragraphes mais en voici tout de même un aperçu. La recherche sur les mammifères au Canada a connu trois grandes périodes qui se chevauchent partiellement: une période naturaliste, une période utilitariste et une période environnementale.

La première période remonte à l'époque des explorateurs comme Jacques Cartier et Samuel de Champlain, qui ont décrit dans leurs récits et chroniques de voyage ce qu'ils ont vu de la faune de la Nouvelle-France et des Maritimes. Ils décrivaient cette faune avec admiration tout en mesurant la richesse et le bien-être qu'ils pourraient en tirer.

A suivi la période utilitariste axée sur la gestion de la chasse et le contrôle de la faune. On pense par exemple aux travaux de recherche de Vadim Vladikov sur le béluga du Saint-Laurent considéré dans les années 1940 comme une nuisance pour les pêcheries à saumon mais aussi comme une source de revenus pour les communautés qui le chassaient. (Il est à noter que les travaux de Vladikov ont en fait montré que les bélugas n'étaient pas responsables de la diminution des populations de saumons.) Vers les années 1960, le Conseil de recherches sur les pêcheries du Canada, qui devint plus tard le ministère des Pêches et des Océans, a engagé des chercheurs pour étudier les populations de phoques et de cétacés du Canada. Les travaux des

chercheurs devaient fournir l'information nécessaire pour assurer une bonne gestion de la chasse ou contrôler les impacts de certaines espèces sur les pêcheries. Ces recherches contribuèrent au développement de la science des mammifères marins au Canada. La répartition saisonnière, la biologie de la reproduction et la physiologie de plusieurs espèces de cétacés et de pinnipèdes ont été étudiées en détail pour la première fois dans nos eaux. Mentionnons entre autres les travaux de pionniers comme Arthur Mansfield, David Sergeant, Edward Mitchell, Tom Smith et Randall Reeves.

Les travaux de ces scientifiques ont permis de décrire plusieurs paramètres démographiques et particularités biologiques des espèces que nous connaissons aujourd'hui. L'activité de ces chercheurs a aussi favorisé la poursuite de divers travaux par des professeurs et des étudiants de plusieurs universités telles que McGill, Guelph, Memorial et Dalhousie. Ces universités et certains centres de recherche comme l'Institut Maurice-Lamontagne, ont produit, surtout depuis les années 1980, une nouvelle génération de chercheurs dont plusieurs se sont intéressés à bien d'autres aspects de la biologie de ces espèces, comme l'anatomie comparée, la physiologie énergétique et sensorielle, le comportement individuel et social et l'impact des polluants industriels. Mentionnons les travaux de David Gaskin, Joseph Geraci, David Lavigne, Jon Lien, David Saint-Aubin, Kit Kovacs, Gary Stenson, Jean Boulva, Don Bowen, Deane Renouf, Hal Whitehead, Michael Kingsley, Mike Hammill, Pierre Béland, Daniel Martineau et Robert Michaud et leurs équipes de recherche. Le photographe animalier Fred Bruemmer, grand amateur de l'Arctique, a également contribué par ses photos exceptionnelles à nous faire découvrir et apprécier les pinnipèdes et les ours blancs.

On en est donc arrivé progressivement à la période environnementale actuelle, où l'on s'emploie à intégrer les connaissances physiologiques, écologiques et comportementales et à mesurer les effets de l'activité humaine et des modifications de l'environnement sur les mammifères marins. Les naturalistes continuent de s'intéresser aux mammifères marins (et leur nombre augmente sans cesse) et la recherche à des fins de gestion se poursuit, mais les travaux scientifiques sur ces animaux ne se limitent plus à ces seuls domaines. En fait, le nombre et la qualité des chercheurs et les moyens mis à leur disposition progressent, tout comme notre connaissance et notre appréciation de ces espèces fascinantes. Parallèlement, le nombre de personnes et d'organisations qui contribuent à diffuser ces connaissances ou qui s'en servent dans les débats de société qui portent sur la gestion et la conservation des mammifères marins a aussi augmenté. Dans ce domaine, le Groupe de recherche et d'éducation sur les mammifères marins, établi à Tadoussac, est certainement l'un des plus dynamiques au Canada. Mentionnons aussi la Station de recherche des îles Mingan dirigée par Richard Sears et la collection ostéologique de Pierre-Henry Fontaine au Musée du squelette à l'île Verte.

▲ Balise satellitaire servant à suivre les déplacements du narval.
◄ Installation d'une balise satellitaire sur un béluga par des chercheurs.

À propos de ce guide

Rubriques

Classification et nomenclature

La présentation des 23 espèces décrites suit la classification taxonomique proposée par Wilson et Weeder (1993). La fiche d'identité de chaque animal commence par le nom commun suivi des noms vernaculaires les plus usités en français et en anglais ainsi que des appellations locales. Vient ensuite le nom scientifique composé du générique et du spécifique et parfois suivi du nom de la sous-espèce. Le nom de la famille dont l'animal fait partie est également indiqué.

Cartes de répartition

Pour chaque espèce, une première carte illustre la répartition géographique dans l'est du Canada et en Nouvelle-Angleterre. Le territoire couvert par cet ouvrage comprend, d'ouest en est, l'Ontario, le Québec, les provinces de l'Atlantique et leurs eaux côtières, ainsi que les États américains adjacents. Une seconde carte illustre la répartition mondiale de chaque espèce.

En plus d'indiquer la répartition potentielle de chaque espèce dans l'est du Canada, les cartes de répartition constituent des outils de premier ordre pour aider à identifier certains mammifères qui se ressemblent mais qui occupent des régions distinctes.

Les auteurs suivants ont été pris en considération pour la préparation des cartes : Génsbol (2004), Leatherwood et al. (1976), Mansfield (1964), Mitchell et Brown (1976), Ridgway et Harrison (1985), Sergeant et Fisher (1957), Martin (1990) et Leatherwood et Reeves (1983). À

Petit rorqual ①

⑥ Famille des balénoptéridés	***Balaenoptera acutorostrata acutorostrata*** ②
	Rorqual à bec, rorqual à museau pointu, rorqual ③ à rostre, baleine d'été, gibard, rorqual nain
	Minke Whale ④
	Piked Whale, Lesser Rorqual, Little Piked Whale ⑤

① Nom commun français ② Nom scientifique : genre, espèce, sous-espèce ③ Noms vernaculaires français ④ Nom commun anglais ⑤ Noms vernaculaires anglais ⑥ Famille.

ces sources s'ajoutent d'abondantes données non publiées. Toute mauvaise interprétation des données publiées par les auteurs précités doit nous être imputée.

Où peut-on l'observer ?

Cette rubrique indique au lecteur les meilleurs endroits pour observer l'espèce en question.

Dimensions

Cette rubrique donne les mensurations de l'animal. Pour ce qui est des cétacés, nous indiquons la longueur totale moyenne ou maximale des adultes de même que le poids moyen et maximum des animaux des deux sexes. Dans le cas des pinnipèdes, nous indiquons les longueurs totales

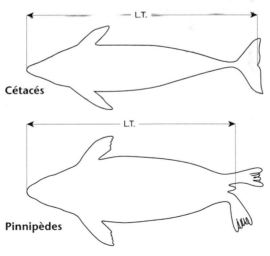

L.T. : longueur totale du corps et de la queue

◄ Un blanchon, jeune phoque du Groenland, ainsi nommé par son pelage de naissance.

► p. 80-81 : Des phoques gris et quelques chiots reposant sur une plage de l'Île de Sable, N.E.

moyenne et extrême ainsi que le poids moyen et les écarts mesurés chez les adultes des deux sexes. Dans le cas des nouveau-nés, la longueur et le poids moyen à la naissance et au moment du sevrage sont indiqués.

Nos données ont été obtenues par divers auteurs sur des animaux capturés dans les régions couvertes par ce guide. Il existe en effet une certaine variation dans la taille d'individus d'une même espèce qui habitent des régions différentes. Les illustrations de la page précédente indiquent de quelle façon ces mesures doivent être prises.

Caractères distinctifs

Nous décrivons dans cette rubrique le pelage ou la couleur de la peau et certaines autres caractéristiques anatomiques ou comportementales propres à l'espèce.

Nage et plongée

On trouvera sous cette rubrique des informations sur la durée de séjour sous l'eau et la profondeur atteinte, de même que la vitesse de déplacement.

Souffle

Un court texte décrit la forme et les caractéristiques distinctives du souffle des diverses espèces de baleines tel qu'on peut l'observer en milieu naturel.

Séquences respiratoires (diagrammes)

L'identification des grandes baleines est facilitée par le fait que chaque espèce manifeste une séquence respiratoire particulière qui se distingue par la façon dont l'animal fait surface, la hauteur et la forme du souffle, l'intervalle entre l'apparition de la tête et l'émergence de la nageoire dorsale, la façon dont il

plonge et le fait de montrer ou non la queue en plongeant.

La comparaison des diagrammes vous aidera à identifier les espèces.

Espèces semblables

Cette rubrique décrit certaines particularités qui permettent de distinguer l'espèce de certaines autres qui lui sont semblables.

Répartition géographique

Cette rubrique décrit les lieux fréquentés, les caractéristiques de l'habitat, le patron migratoire et les routes empruntées par l'espèce lors de la migration.

Alimentation

Cette rubrique décrit le régime alimentaire de l'animal. On y trouve un aperçu des espèces végétales et animales dont il se nourrit ainsi que des informations sur son comportement ou son mode d'alimentation.

Comportement social et vocalisations

Cette rubrique offre un aperçu du comportement social de l'espèce. Elle décrit la taille et la composition des groupes sociaux, les manifestations physiques et les vocalisations qui jouent un rôle dans la communication interindividuelle.

Reproduction et soins des jeunes

Nous avons regroupé dans cette rubrique les renseignements sur la période d'accouplement et de mise bas, la durée de la gestation, l'intervalle entre les parturitions successives et le nombre de petits par portée. Lorsque ces informations sont disponibles,

nous donnons des détails sur le développement des jeunes, la durée de l'allaitement et l'âge à la maturité sexuelle.

Prédateurs et facteurs de mortalité

Sont énumérés sous cette rubrique les prédateurs de l'espèce. On y donne aussi un aperçu des principaux facteurs de mortalité de même que des renseignements sur l'exploitation ou la chasse dont l'espèce fait l'objet.

Longévité

Cette rubrique indique l'âge maximum et la longévité moyenne que peut atteindre l'espèce dans son milieu naturel ou en captivité. La longévité maximale est une très rare éventualité; la majorité des individus vivent bien en deçà de cet âge.

Statut des populations

On trouvera ici des informations sur la situation des populations de l'espèce et des observations sur les mesures de gestion qui la concerne.

Annexes

Nous avons délibérément choisi d'inclure en annexe des fiches supplémentaires concernant deux espèces qui ne sont pas formellement considérées comme des mammifères marins : l'ours blanc et l'être humain. Ce choix, qui en surprendra plusieurs, résulte du fait que l'écologie de l'ours blanc est étroitement liée à celle des pinnipèdes et, dans une moindre mesure, à celle des cétacés. De par son mode de vie, l'ours blanc peut être considéré comme un animal marin, compte tenu qu'il

▶ Un rorqual bleu plonge vers le couchant.

passe une grande partie de son temps sur la banquise et dans l'eau à la recherche de nourriture. Plusieurs caractéristiques anatomiques et physiologiques témoignent de son adaptation à ce mode de vie.

Notre propre espèce figure dans ce livre pour plusieurs raisons. L'être humain est en effet un mammifère à part entière qui domine la planète et exerce une influence indéniable sur l'ensemble de la biosphère et fait sentir sa présence sur l'ensemble du territoire. En présentant sa fiche biologique, nous souhaitions décrire, avec une pointe d'humour, les caractéristiques de notre espèce en comparaison avec les autres mammifères marins, de manière à pouvoir mieux en apprécier les particularités.

On trouvera également en annexe un exemple de fiches d'observation, un glossaire, une bibliographie détaillée ainsi qu'un index des espèces.

Cétacés

Petit rorqual

Famille
des
balénoptéridés

Balaenoptera acutorostrata acutorostrata

Rorqual à bec, rorqual à museau pointu, rorqual
à rostre, baleine d'été, gibard, rorqual nain

Minke Whale
Piked Whale, Lesser Rorqual, Little Piked Whale

Où peut-on l'observer?

On rencontre cette espèce dans tous les océans du monde, sauf dans les eaux densément couvertes de glaces. À noter cependant que le petit rorqual de l'Antarctique est reconnu depuis peu comme une espèce distincte, *Balaenoptera bonaerenis*, du petit rorqual des autres eaux, *Balaenoptera acutorostrata*. Dans le nord-ouest de l'Atlantique, le petit rorqual se retrouve depuis les eaux subtropicales jusqu'au détroit de Davis, incluant le golfe et l'estuaire du Saint-Laurent. Bien que la limite ouest de sa répartition arctique semble être le côté ouest du détroit d'Hudson, on a déjà trouvé un individu échoué dans la baie James et un autre sur la côte du Manitoba.

Le meilleur endroit pour en faire l'observation au Québec est sans aucun doute l'estuaire du Saint-Laurent, aux alentours de Tadoussac, de mars à décembre. On l'observe aussi fréquemment durant cette même période dans le golfe du Saint-Laurent, surtout le long de la Côte-Nord, de Pointe-des-Monts à Mingan, et aux alentours de Gaspé et de Percé. À Terre-Neuve, on le voit près des côtes entre avril et octobre, en particulier le long de la péninsule d'Avalon. Il est fréquemment observé à l'embouchure de la baie de Fundy entre juin et octobre, depuis les côtes sud-ouest de la Nouvelle-Écosse et le sud-est du Nouveau-Brunswick.

Caractères distinctifs

Cette espèce a le dos gris ardoisé, les flancs gris et le ventre blanc. Une bande blanche perpendiculaire et au centre de chaque nageoire pectorale est clairement visible en eau claire contre le gris foncé du reste de la nageoire. La tête est aplatie, étroite et pointue (vue du dessus); elle porte de chaque côté de la mâchoire de 270 à 348 fanons blancs jaunâtres qui mesurent de 15 à 30 cm de longueur. Le petit rorqual possède de 50 à 70 sillons ventraux qui partent de l'extrémité de la mâchoire inférieure et finissent juste derrière les nageoires pectorales.

Dimensions

Longueur totale moyenne, mâle adulte: 7,3 m (max. 8,2 m); femelle adulte: 7,6 m (max. 8,8 m); nouveau-né: environ 2,6 m.

Les mâles adultes pèsent environ 5 000 kg, les femelles, 6 000 kg (elles peuvent cependant atteindre 12 200 kg), et les nouveau-nés, 450 kg.

◄ Notez la dorsale en forme de faucille du petit rorqual.

Nage et plongée

Lorsqu'il s'apprête à plonger en profondeur, le petit rorqual arque fortement le dos avant de disparaître mais, contrairement à d'autres espèces, ne montre pas la queue. De façon générale, il respire toutes les 30 secondes et prend 2 ou 3 respirations avant de plonger pendant 2 ou 3 minutes. Il demeure parfois en plongée jusqu'à 17 minutes. On ignore à quelle profondeur il descend mais ses proies se trouvent généralement à moins de 100 m de la surface. Sa vitesse de nage atteint au maximum 30 km/h.

Souffle

En mer, son souffle, qui peut atteindre 2 à 3 m de hauteur est peu distinct; sa nageoire dorsale proéminente est visible à peu près en même temps que le souffle.

Espèces semblables

La taille du petit rorqual est nettement inférieure à celle des autres rorquals (balénoptéridés) et son souffle est souvent difficile à distinguer alors qu'il est bien visible chez ces derniers. La nageoire dorsale se trouve davantage vers l'avant du corps que chez les autres rorquals. On distingue le petit rorqual de la baleine à bec commune par sa tête aplatie, sa couleur foncée et les bandes blanches qui ornent ses nageoires pectorales.

 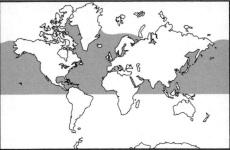

Répartition géographique

Le petit rorqual fréquente surtout les eaux subarctiques et tempérées, bien qu'il soit aussi présent dans l'Arctique en été. Certains individus s'aventurent parfois même dans des eaux couvertes de glaces. On le voit fréquemment, durant l'été, le long des côtes et à l'intérieur des baies et des fjords, mais on l'observe aussi au large. On peut le voir de mars à décembre dans le golfe du Saint-Laurent et à l'embouchure du Saguenay. Certains petits rorquals atteignent Terre-Neuve en juin ou juillet et les détroits de Davis et d'Hudson en août. À l'automne, ils quittent ces régions et se déplacent vers le large, en direction du sud, pour échapper aux glaces. On observe cette espèce jusqu'à Puerto Rico en hiver. Les mâles ont plus souvent tendance à demeurer au large que les femelles et les jeunes. Ces derniers nagent souvent très près des rives. La grande majorité des petits rorquals observés dans le Saint-Laurent sont des femelles.

Alimentation

Le capelan constitue la proie la plus importante du petit rorqual et son abondance affecte nettement la répartition de cette baleine dans nos eaux. Le petit rorqual consomme aussi de la morue, du lançon, du hareng, de la goberge, du calmar et des crustacés euphausides (krill). Nageur habile, il pourchasse ses proies sur les hauts-fonds, dans les baies et dans les fjords. En se nourrissant, il manœuvre souvent brusquement, roulant sur le côté et effectuant des virages avec force éclaboussements. Lorsque le petit rorqual rencontre un grand banc de poissons ou de krill, sa gorge s'élargit comme une poche de pélican. Sous l'effet d'un afflux de sang causé par l'effort musculaire, les sillons ventraux prennent alors une teinte rosée. Vue du haut des

◄ Le souffle du petit rorqual, peu visible, peut atteindre 2-3 m de hauteur.
► p. 90-91 : Il a le dos gris ardoisé et une nageoire dorsale proéminente.

airs, sa gorge déployée lui donne l'allure d'un gigantesque têtard. Plus lentement, la gorge se rétracte, l'eau ingurgitée avec les poissons ou le krill est filtrée par les fanons et rejetée à l'extérieur, de part et d'autre de la mâchoire. Il ne lui reste plus qu'à avaler la nourriture retenue dans la bouche par les fanons.

Comportement social et vocalisations

D'un naturel curieux, le petit rorqual s'approche souvent très près des bateaux, croisant parfois la proue ou suivant le navire sur une bonne distance. Il lui arrive de rester longtemps autour d'une embarcation dont on a arrêté le moteur et même de sortir la tête à la verticale pour jeter un coup d'œil (Cette activité d'espionnage est appelée *spyhopping* en anglais). Il s'approche aussi des plongeurs et peut rester avec eux plusieurs minutes. Il utilise parfois la coque d'un navire pour piéger un banc de poissons.

Le petit rorqual manifeste des comportements très spectaculaires, particulièrement lorsqu'il se nourrit. D'une manœuvre habile, il pousse les bancs de poissons contre un obstacle ou contre la surface, obligeant les poissons à se rapprocher les uns des autres. Lorsque le banc est bien concentré, le rorqual se jette sur lui et jaillit hors de l'eau la bouche ouverte gorgée de poissons. À d'autres moments,

il se projette hors de l'eau et se laisse tomber à plat sur le ventre ou sur le côté. Il peut répéter cette manoeuvre plusieurs dizaines de fois de suite.

On a enregistré une variété de sons émis par les petits rorquals. Certains ressemblent à des grognements (80-140 hertz) ou à des coups (100-200 hertz). Les vocalisations les plus fréquentes consistent en des glissements de fréquence entre 600 et 130 hertz. Il s'agit de tonalités correspondant à peu près au registre d'un ténor.

D'un naturel peu sociable, les petits rorquals se tiennent souvent seuls, parfois en paires. Ils se rassemblent pourtant là où leurs proies sont concentrées. Dans ces cas, leurs mouvements ne sont apparemment pas coordonnés. D'après des études réalisées dans les zones côtières de l'État de Washington, les mêmes individus reviennent se nourrir aux mêmes endroits chaque été, sans empiéter sur les zones d'alimentation de leurs congénères, ce qui laisse supposer qu'ils défendent ces territoires au moins durant l'été. Les petits rorquals sont fréquemment accompagnés d'oiseaux de mer lorsqu'ils chassent. Ces derniers profitent du travail de la baleine qui pousse les bancs de poissons vers la surface. Parfois on le retrouve aussi en compagnie d'autres mammifères marins : rorqual commun, rorqual bleu,

béluga, dauphin à flancs blancs, dauphin à nez blanc, phoque du Groenland et phoque gris, vraisemblablement occupés à se nourrir des mêmes proies.

Reproduction et soins des jeunes

L'accouplement a lieu entre décembre et mai. La femelle met bas entre octobre et mars après une gestation de 10 mois. Généralement, elle donne naissance à un baleineau par année ou à tous les 2 ans, qu'elle allaite moins de 6 mois, et dont elle se sépare après l'avoir sevré. Le mâle atteint la maturité sexuelle quand il mesure 6,9 m, et la femelle 7,4 m, soit vers l'âge de 7 ans pour les deux sexes.

Prédateurs et facteurs de mortalité

L'épaulard est le seul prédateur connu de cette espèce à part l'homme. En poursuivant un banc de poissons, le petit rorqual s'empêtre parfois dans des engins de pêche et se noie en se débattant. Il lui arrive aussi d'être tué lors d'une collision avec un navire.

Le petit rorqual n'est plus chassé au Canada depuis l'instauration du moratoire canadien sur la chasse commerciale à la baleine en 1972. Dans le nord-ouest de l'Atlantique, l'espèce fait encore l'objet d'une chasse de subsistance par les Autochtones de l'ouest du Groenland, qui en capturent environ 170 par année. Dans le nord-est de l'Atlantique, on la chasse en Norvège où il s'en prend de 500 à 600 individus par année et à l'est du Groenland où l'on en capture une dizaine ou plus par année.

L'Islande prévoit reprendre la chasse commerciale en 2006. D'ici là, elle entend capturer une centaine de petits rorquals par année à des fins d'étude scientifique.

Longévité

On ne connaît pas la longévité maximale de cette espèce avec certitude, mais on croit qu'elle peut atteindre entre 30 et 40 ans.

Statut des populations

Le petit rorqual était chassé par les baleiniers de Terre-Neuve et de la Nouvelle-Écosse avant 1972. Il s'en tuait plusieurs dizaines par année. À cause de sa faible taille, il n'a pas été exploité aussi intensivement que les autres rorquals. La chasse commerciale n'est plus permise au Canada depuis 1972, et l'espèce est protégée en vertu d'une entente internationale entrée en vigueur en 1986 sous l'égide de la Commission baleinière internationale. En 1994, le Japon a commencé à prendre des petits rorquals dans l'Antarctique et dans le nord du Pacifique à des fins d'échantillonnage scientifique. Depuis 2003, l'Islande a aussi décidé de faire la même chose dans le nord-est de l'Atlantique. La Norvège, qui s'opposait au moratoire, a repris la chasse commerciale vers la fin des années 1990 et prend environ 600 petits rorquals par année. Dans le nord-ouest de l'Atlantique, il n'y a plus que les habitants du Groenland qui chassent l'espèce. Ils en capturent plus d'une centaine par année pour leur subsistance, à la faveur d'un règlement de la Commission baleinière internationale sur les chasses autochtones. Les populations de petits rorquals sont en meilleur état que celles de la plupart des autres grandes baleines. On a estimé leurs populations à plusieurs centaines de milliers dans l'hémisphère sud et à près de 200 000 dans l'Atlantique Nord. Sur la côte est du Canada, l'effectif serait d'environ 4 000, dont un millier dans le golfe du Saint-Laurent. L'espèce n'a pas fait l'objet d'une évaluation par le COSEPAC mais, selon une évaluation américaine, l'état de la population du nord-ouest de l'Atlantique ne semble pas en difficulté malgré les mortalités causées par des empêtrements dans des engins de pêche.

Anecdote

(source : GREMM – www.baleinesendirect.net)

Nous sommes à Pointe-Noire, site d'observation à l'embouchure du Saguenay. Nous apercevons des éclaboussures au loin. Wow ! Un petit rorqual qui saute hors de l'eau ! Tout son corps s'élance presque à la verticale et il retombe sur le ventre ou sur le côté. Une fois, deux fois, 10 fois, toutes les 30 secondes il reparaît, on en est rendu à 40 sauts, 60, 61, 62, 63, 64, 65, 66 ! 66 sauts ! Et ce n'est pas le record. Des croisiéristes ont déjà vu un petit rorqual sauter ainsi à plus de 100 reprises. Pourquoi cette phénoménale dépense d'énergie ? Cela fait-il partie d'une stratégie pour effrayer des proies ? Est-ce une manière de se débarrasser de lamproies collées à la peau ? Est-ce pour transmettre un message à d'autres petits rorquals ? Ou encore, est-ce simplement le besoin de se défouler ? Et est-ce que tous les petits rorquals effectuent ces sauts ou seulement certains individus ? On a beau être spécialiste des baleines, il y a bien des comportements pour lesquels on se perd en conjectures…

Petit rorqual à l'embouchure du Saguenay.

En plongeant, le petit rorqual arque fortement le dos avant de disparaître.

p. 92-93 : Sa nageoire dorsale apparaît en même temps que l'évent.

Rorqual commun

Famille
des
balénoptéridés

Balaenoptera physalus

Baleine vraie, physale, baleine fin, baleine
à nageoires

Fin Whale
Finback Whale, Common Rorqual, Fin-backed
Whale, Herring Whale, Razorback

Où peut-on l'observer?

On trouve cette espèce dans tous les océans et toutes les mers du monde, sauf dans les eaux densément couvertes de glaces de l'Arctique et de l'Antarctique. Dans le nord-ouest de l'Atlantique, on la rencontre depuis les eaux subtropicales jusqu'au détroit de Davis, incluant le golfe et l'estuaire du Saint-Laurent et le détroit d'Hudson.

Le meilleur endroit pour en faire l'observation au Québec est sans aucun doute l'estuaire du Saint-Laurent, aux alentours de Tadoussac, de mai à novembre. Les rorquals communs y sont particulièrement abondants entre juin et octobre. On les observe aussi fréquemment durant cette même période dans le golfe du Saint-Laurent, surtout le long de la Côte-Nord, de Pointe-des-Monts à Mingan, et aux alentours de Gaspé et de Percé. À Terre-Neuve, on peut voir ces grands animaux près des côtes entre avril et octobre. Cette espèce est régulièrement observée dans l'embouchure de la baie de Fundy entre juin et octobre, depuis les côtes du sud-ouest de la Nouvelle-Écosse et du sud-est du Nouveau-Brunswick. On l'observe aussi le long de la côte atlantique de la Nouvelle-Écosse.

Caractères distinctifs

Le rorqual commun a le dos et les flancs gris ardoise presque noir; le ventre, la partie antérieure du côté droit et la lèvre inférieure droite sont blancs. Sa tête est aplatie, large et en forme de V (vue du dessus). Le rorqual commun porte fréquemment une grande tache gris pâle en forme de chevron derrière la tête. Il possède entre 260 et 380 fanons de couleur gris bleu (sauf pour le premier tiers antérieur du côté droit, qui est jaunâtre) d'une longueur d'environ 95 cm. Entre 55 et 100 sillons ventraux partent du bout de la mâchoire inférieure et finissent près du nombril.

◄ Un rorqual commun en surface, les évents grand ouverts.

► p. 98-99: Rorqual commun faisant surface en projetant son puissant souffle.

Dimensions

Longueur totale moyenne, mâle adulte: 17,3 m (max. 20,8 m); femelle adulte: 18,2 m (max. 23,7 m); nouveau-né: environ 6 m; jeune sevré (6 à 11 mois), moyenne: 12 m.

Les mâles adultes pèsent en moyenne 29 000 kg et les femelles, 34 000 kg. Le poids maximum des adultes voisine les 50 000 kg. Les nouveau-nés pèsent environ 1 900 kg. Un jeune sevré peut atteindre 11 000 kg.

Nage et plongée

Le rorqual commun, lorsqu'il fait surface, montre d'abord le dessus de la tête. Presque en même temps jaillit le souffle puissant, puis le dessus du dos apparaît. Le dos «roule» vers l'avant (alors que la tête disparaît sous les flots) et l'on voit enfin, bien après le souffle, la nageoire dorsale en forme de faucille. Cette nageoire mesure verticalement à peu près la moitié de la hauteur de la partie émergée du dos. Le rorqual commun arque le dos avant de plonger puis disparaît sans sortir la queue hors de l'eau.

En général, le rorqual commun reste sous l'eau de 5 à 15 minutes (7 minutes en moyenne) et prend de 3 à 10 respirations avant de replonger. Il descend fréquemment à plus de 100 m (474 m au maximum) et peut rester immergé 20 minutes. Avec le rorqual boréal et le rorqual bleu, il est l'un des cétacés les plus rapides, pouvant atteindre des vitesses de pointe de 40 km/h s'il est poursuivi par un bateau qui lui fait la chasse. En temps normal, il se déplace à environ 10 km/h.

Souffle

On reconnaît le rorqual commun en mer à son souffle en forme de colonne, visible de loin et pouvant atteindre 6 m de haut, ainsi qu'à sa nageoire dorsale proéminente et recourbée qui forme un angle de moins de 40 degrés avec le dos.

Espèces semblables

Le rorqual commun se distingue de la majorité des autres cétacés par sa grande taille et sa forme effilée. Il diffère du rorqual boréal par sa nageoire dorsale plus courbée et le blanc de sa lèvre inférieure droite. Le rorqual bleu a la peau bleu gris parsemée de taches plus claires, alors que celle du rorqual commun est gris ardoise et de couleur plus uniforme. Chez le rorqual bleu, la dorsale est de petite taille et située plus loin vers l'arrière.

 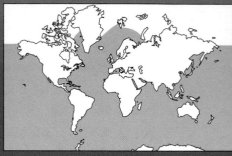

Répartition géographique

Le rorqual commun fréquente les eaux arctiques, subarctiques et tempérées. Sa distribution estivale correspond étroitement à celle de ses proies, qui se concentrent là où les masses d'eau et les remontées d'eaux profondes (*upwellings*) favorisent une grande productivité marine. Dans l'ouest de l'Atlantique, en été, on le trouve dans le golfe du Saint-Laurent et au large de Terre-Neuve, des Maritimes et de la Nouvelle-Angleterre, où il se tient rarement dans des eaux de plus de 260 m de profondeur. Il est fréquemment observé non loin des côtes et pénètre même dans certaines baies. Il fréquente aussi la mer du Labrador, remontant au delà du détroit de Davis. Il quitte ces régions avec la formation des glaces, s'éloignant probablement vers le large ou vers le sud. Les retardataires se font parfois emprisonner dans les glaces poussées par le vent. Le rorqual commun passe l'hiver le long des côtes américaines et parfois même dans le golfe du Mexique.

Alimentation

Dans les eaux de Terre-Neuve et du Labrador, le rorqual commun consomme presque uniquement du capelan et du petit hareng, tandis qu'au large de la Nouvelle-Écosse, il prend surtout des crustacés euphausides (krill) et quelques copépodes. Dans le Saint-Laurent, on a observé le rorqual commun en train de s'alimenter sur des bancs de krill et de capelan. Parmi les autres proies qu'il consomme, on trouve le lançon, le maquereau, la lanterne, le corégone et les calmars. Pour se nourrir, il s'approche très près du banc de poissons ou de crustacés, de côté ou par-dessous; le corps tourné sur le côté droit, il manœuvre en tournant pour contenir le banc, ouvre grand la bouche et engouffre d'énormes quantités d'eau et de poissons d'un seul coup. Sa gorge se distend au point de doubler le volume de

---

► Les rorquals communs forment à l'occasion de grands groupes sur les lieux d'alimentation.

sa tête lorsqu'il gobe sa nourriture. Il referme ensuite la bouche et expulse l'eau à travers ses fanons. Le rorqual commun se nourrit souvent en nageant sur le côté, ce qui lui permettrait de changer rapidement de direction en poursuivant le poisson. On a supposé que la coloration blanche de sa mâchoire droite et de son flanc apeure le poisson, qui se rabat en un banc serré plus facile à avaler. On a aussi émis l'hypothèse que le contraste de couleur des deux côtés de sa mâchoire lui sert de camouflage quand il fait son approche.

Comportement social et vocalisations

Les rorquals communs se tiennent souvent seuls ou en petits groupes de 2 ou 3 individus qui se déplacent à moins de 3 ou 4 m les uns des autres. De plus grands groupes (jusqu'à 50 ou même 100 individus) se rassemblent parfois dans des zones où la nourriture est concentrée.

Le rorqual commun possède une voix très grave. Les sons qu'il émet portent sur des centaines de kilomètres et pourraient servir à communiquer avec les congénères séparés par de grandes distances.

Reproduction et soins des jeunes

L'accouplement et la mise bas ont lieu entre décembre et avril. La gestation dure en moyenne 11 mois et demi. La femelle donne naissance à un baleineau tous les 2 ou 3 ans qu'elle allaite 6 ou 7 mois. Le mâle atteint la maturité sexuelle quand il mesure environ 17,5 m et la femelle y parvient à environ 18,5 m; les deux sexes auraient alors entre 8 et 11 ans. Le jeune est probablement délaissé par sa mère une fois sevré.

Prédateurs et facteurs de mortalité

Mis à part l'homme, l'épaulard représente le seul prédateur de cette espèce. À l'occasion, un rorqual commun meurt à la suite d'une collision avec un navire ou après s'être emmêlé dans un engin de pêche.

Statut des populations

Le rorqual commun a été chassé depuis quelques stations baleinières à Terre-Neuve, en Nouvelle-Écosse et au Québec (Sept-Îles). Le gouvernement du Canada a mis fin à cette chasse commerciale en 1972, et un moratoire international entré en vigueur en 1986 a eu pour effet d'en diminuer considérablement les prises dans tous les océans. Dans l'Atlantique Nord-Ouest, il n'y a plus guère que les habitants du Groenland qui en prennent; ils en capturent une dizaine par année pour leur subsistance, à la faveur d'un règlement spécial de la Commission baleinière internationale sur les chasses autochtones. Après le déclin des populations causé par la chasse commerciale, il est possible que les rorquals communs aient profité de ce répit pour rétablir leur nombre. Bien qu'on ne connaisse pas avec précision l'état actuel de la population de l'Atlantique Nord, on estime à quelques dizaines de milliers le nombre de rorquals communs qui fréquentent ces eaux, dont plusieurs milliers au large des côtes de l'Atlantique Nord-Ouest. On a estimé à environ 380 le nombre d'individus dans le golfe du Saint-Laurent en 1995. Bien qu'on n'en ait pas fait l'évaluation depuis 1987, la situation de l'espèce est toujours considérée comme préoccupante dans les eaux canadiennes (évaluation du COSEPAC, 1987).

Longévité

On ne connaît pas la longévité de cette espèce, mais on pense que certains rorquals communs peuvent vivre de 75 à 95 ans. La plupart ne dépassent probablement pas 50 ans.

Anecdote

(source: GREMM – www.baleinesendirect.net)

 *N*ous étions en présence d'un groupe d'une vingtaine de rorquals communs nageant de façon synchronisée. Lorsqu'ils surgissaient, leurs souffles jaillissaient l'un après l'autre en un bruit assourdissant. Puis ils plongeaient pour quelques minutes. Où allaient-ils reparaître? Oh! Les voilà! Tout près de ce bateau là-bas. Mais que fait ce rorqual commun? Il se dirige droit vers l'embarcation… Nous retenons notre respiration… Fiou! Il change de direction au dernier moment. Quelle énorme bête! Il arrive malheureusement que des rorquals entrent en collision avec des bateaux. Certains en portent d'ailleurs les cicatrices. Zipper est le plus connu, avec sur tout le côté droit du corps une trace d'hélice ressemblant à une fermeture éclair. D'autres sont moins chanceux et y laissent leur vie. Comme ce rorqual commun qu'on avait retrouvé accroché à l'étrave d'un cargo.

▲ La lèvre blanche du côté droit de la mâchoire est un caractère distinctif.
◄ Le rorqual commun possède une nageoire proéminente et assez courbée.

Rorqual boréal

Famille
des
balénoptéridés

Balaenoptera borealis

Rorqual de Rudolphi, rorqual de Sei, rorqual du Nord

Sei Whale
Sei, Rudolphi's Whale

Où peut-on l'observer?

On trouve cette espèce dans tous les océans et toutes les mers du monde, sauf dans les eaux densément couvertes de glaces de l'Arctique et de l'Antarctique. Dans le nord-ouest de l'Atlantique, on la rencontre depuis les eaux subtropicales jusqu'au détroit de Davis. On rapporte quelques observations dans le golfe ou l'estuaire du Saint-Laurent mais il est très difficile de distinguer le rorqual boréal du rorqual commun, sauf si on voit clairement le côté droit de la mâchoire, blanc chez le rorqual commun, noir chez le rorqual boréal. Ce dernier peut être observé à l'occasion au large des côtes atlantiques de Terre-Neuve et de l'île du Cap-Breton et plus rarement ailleurs au large des Maritimes.

Caractères distinctifs

Le rorqual boréal a le corps gris foncé avec des bandes claires sur le ventre. Vue du haut des airs, sa tête paraît large et incurvée vers l'avant, de forme intermédiaire entre un V et un U. Sa gueule est garnie d'environ 300 fanons noirs bleutés ou jaunes mesurant entre 35 et 80 cm de longueur. Une cinquantaine de sillons ventraux partent du bout de la mâchoire et se terminent à l'avant du nombril. Sa nageoire dorsale proéminente, recourbée à plus de 40 degrés, paraît aussi haute que la surface émergée du dos et est visible en même temps que le souffle. Le rorqual boréal est difficile à observer, car il n'expose pas son dos autant que les autres rorquals en faisant surface.

Nage et plongée

Lorsqu'il fuit un danger, le rorqual boréal peut atteindre la vitesse de 40 km/h, ce qui en fait une des espèces marines les plus rapides. Mais lorsqu'il se déplace normalement, il nage plutôt à une vitesse de croisière de 5 à 14 km/h. Il effectue des plongées d'une durée de 3 à 10 minutes. Il fait surface fréquemment et à intervalles réguliers durant de longues périodes avant de plonger en se laissant couler tout

◀ Rorqual boréal faisant surface avec son baleineau. Notez la mâchoire grise du petit.

Dimensions

Longueur totale moyenne, mâle adulte: 13,4 m (max. 15,2 m); femelle adulte: 14,1 m (max. 15,8 m); nouveau-né: 4 à 5 m.

Les adultes pèsent en général entre 12 000 et 15 000 kg (max. 18 180 kg); les nouveau-nés pèsent environ 900 kg.

doucement. À chaque inspiration, son corps apparaît puis disparaît lentement comme s'il se laissait couler. On ne connaît pas la profondeur qu'il atteint en plongée, mais l'on sait que ses proies se trouvent généralement à moins de 100 m de la surface.

Souffle

Son souffle, en forme de colonne, s'élève jusqu'à 4,5 m de hauteur.

Espèces semblables

Ce rorqual se distingue de la majorité des autres cétacés par sa grande taille et sa forme effilée. Il diffère du rorqual commun par l'absence de blanc sur sa lèvre inférieure droite. Le rorqual boréal est gris foncé alors que le rorqual bleu est bleu gris avec des petites taches gris pâle. Lorsqu'il fait surface, sa nageoire dorsale est visible en même temps que le souffle, ce qui le

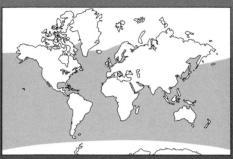

distingue du rorqual commun. Il est nettement plus gros que le petit rorqual, dont on voit rarement le souffle.

Répartition géographique

Le rorqual boréal fréquente les eaux tropicales, tempérées, subarctiques et arctiques. Contrairement à ce que son nom commun peut laisser croire, il n'est pas plus nordique que les autres rorquals. Dans l'Atlantique, au printemps, il remonte vers le nord, atteignant les

eaux du large de la Nouvelle-Écosse en juin et juillet et celles de Terre-Neuve en août. Certains fréquentent la mer du Labrador dès juin et remontent parfois jusqu'au détroit de Davis et au détroit d'Hudson. Le rorqual boréal ne semble pas pénétrer dans le golfe du Saint-Laurent et préfère rester en haute mer. La migration dans l'axe nord-sud débute aux environs d'octobre et le mène au large des côtes américaines jusqu'en Floride.

Alimentation

Le rorqual boréal s'alimente principalement de minuscules crustacés copépodes. À défaut de ces proies, il capturera des crustacés euphausides (krill) ou parfois même des petits poissons qui vivent en bancs, comme la goberge. Lorsqu'il se nourrit, il nage lentement, filtrant progressivement les bancs de crustacés à faible profondeur. On peut tout de même le suivre sous l'eau parce que son coup de queue régulier et puissant rejette de l'eau froide vers la surface, une eau dense qui forme des plaques rondes en apparence plus calmes par rapport à l'eau de surface plus chaude et moins dense. Cette dernière caractéristique s'applique à plusieurs autres espèces.

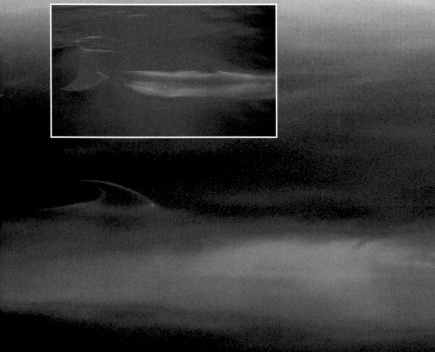

Comportement social et vocalisations

Les rorquals boréaux forment généralement des petits groupes de 2 à 5 individus, mais ils peuvent se regrouper à plus d'une cinquantaine dans certaines zones d'alimentation.

Il arrive au rorqual boréal de se projeter complètement hors de l'eau et de retomber sur les flancs avec force éclaboussements (*breaching*), un comportement dont la fonction est mal comprise et qui semble incompatible avec sa nature habituellement discrète en surface.

Reproduction et soins des jeunes

L'accouplement et la mise bas se produisent entre novembre et mars. La femelle donne naissance à un petit tous les 2 ans après 11 mois de gestation. Elle allaite pendant environ 6 mois. Le mâle atteint la maturité sexuelle quand il mesure environ 12,9 m de longueur et la femelle 13,3 m, soit vers l'âge de 8 ans chez les deux sexes. Le baleineau est vraisemblablement abandonné par sa mère à la fin de la période d'allaitement.

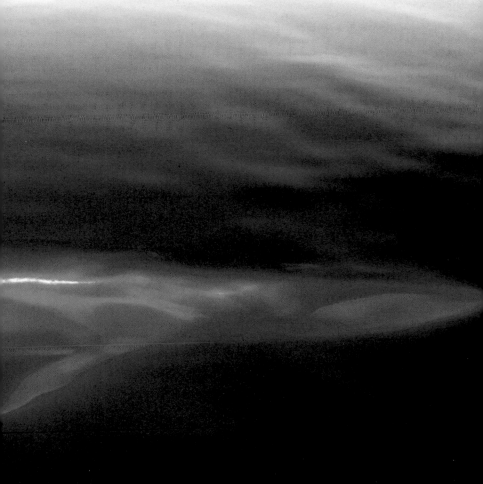

Prédateurs et facteurs de mortalité

L'épaulard est probablement le seul prédateur du rorqual boréal depuis que les baleiniers ont cessé d'en faire la chasse. On ne connaît qu'un seul cas de mort par collision avec un navire, dans l'Atlantique Nord-Ouest.

Longévité

On ne connaît pas la longévité maximale de cette espèce avec certitude, mais on suppose que certains peuvent vivre environ 70 ans; toutefois, la plupart n'atteignent sans doute pas 40 ans.

Statut des populations

On a chassé cette baleine à Terre-Neuve et en Nouvelle-Écosse jusqu'en 1972. L'espèce est protégée dans tous les océans en vertu d'une entente internationale entrée en vigueur en 1986. On ne dispose pas de dénombrement précis des rorquals boréaux présents dans l'Atlantique. On estime toutefois leur nombre à plus de 10 000 individus. Selon des estimations réalisées dans les années 1970, il y aurait entre 1 000 et 2 000 rorquals boréaux au large de la Nouvelle-Écosse. Les données disponibles en 2003 étaient insuffisantes pour évaluer l'état de la population dans les eaux canadiennes (évaluation du COSEPAC, 2003).

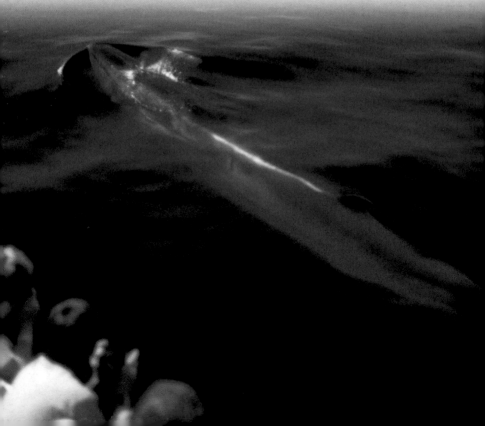

Anecdote

(source : les auteurs)

*L*e rorqual boréal est le rorqual le plus rarement obser- vé dans l'est du Canada. Sa nature discrète et ses habitudes solitaires expliquent en partie cette situation tout autant que le fait que cette espèce soit souvent con- fondue avec le rorqual commun. Pour ces raisons, on entend peu d'histoires à son sujet. Il semble toutefois que nos chances de voir cette grande baleine s'améliorent. Les Nouvelles du Large (www.baleinesendirect.net) rapportent en effet deux observations de rorquals boréaux dans l'estuaire et le golfe du Saint-Laurent en 1999 et 2003. En plus, durant l'été 2003, on en observe par dizaines près de Cape Cod en Nouvelle-Angleterre, un secteur que cette espèce fréquen- tait rarement jusqu'à ce jour. Un tel nombre de rorquals boréaux ne s'était pas vu là-bas depuis 1986. On suppose que ces incursions épiso- diques résultent de changements dans la répartition de leurs proies. Ces rorquals étaient-ils à la recherche de nourriture lorsqu'ils sont apparus dans le Saint-Laurent durant les étés de 1999 et 2003 ?

◣ Ce jeune rorqual boréal cherche refuge auprès de sa mère.

◀ Le rorqual boréal n'expose pas son dos autant que les autres rorquals en faisant surface.

◀ p. 106-107 : Sa nageoire dorsale proéminente est souvent peu courbée.

◀ p. 108-109 : Rorqual boréal filtrant sa nourriture en plongée à faible profondeur.

Rorqual bleu

Famille des balénoptéridés

Balaenoptera musculus

Baleine bleue, rorqual de Sibbald, grande baleine bleue, grand rorqual, rorqual à ventre cannelé

Blue Whale
Sulphurbottom, Sibbald's Rorqual

Où peut-on l'observer?

Le rorqual bleu fréquente tous les océans et toutes les mers du monde, à l'exception des eaux densément couvertes de glaces de l'Arctique et de l'Antarctique. Dans le nord-ouest de l'Atlantique, on le trouve depuis les eaux subtropicales jusqu'au détroit de Davis, incluant le golfe et l'estuaire du Saint-Laurent et le détroit d'Hudson.

Les côtes de l'estuaire et du golfe du Saint-Laurent comptent parmi les meilleurs endroits au monde pour observer le rorqual bleu, tout particulièrement les régions de Mingan et de Gaspé-Percé entre avril et décembre et aux alentours des Escoumins entre juillet et décembre. L'espèce fréquente parfois ces régions durant l'hiver ou très tôt au printemps. On l'observe aussi, mais plus rarement, ailleurs dans le golfe du Saint-Laurent. Sa présence est occasionnelle au large des côtes de Terre-Neuve et plus rare au large des côtes atlantiques de la Nouvelle-Écosse et du Nouveau-Brunswick.

Caractères distinctifs

Cette espèce a le corps bleu gris avec des taches claires. Vue du dessus, sa tête paraît aplatie, large et en forme de U; ses 260 à 400 fanons noirs mesurent entre 45 et 98 cm. Entre 55 et 70 sillons ventraux partent du bout de sa mâchoire inférieure et finissent au delà du nombril. Le rorqual bleu possède une minuscule nageoire dorsale, qui paraît le quart de la hauteur du dos émergé et est visible bien après le souffle. Il montre parfois la queue en plongeant.

Nage et plongée

Le rorqual bleu nage à une vitesse de 5 à 14 km/h et vient respirer à la surface toutes les 3 à 10 minutes. Il peut nager encore plus vite lorsqu'il est

◄ Notez les taches claires sur le dos bleu gris.

Dimensions

Longueur totale moyenne des adultes: 24,4 à 25,9 m (max. 27,2 m); nouveau-nés: environ 7 m. Les femelles sont légèrement plus longues que les mâles.

Les adultes pèsent habituellement entre 80 000 et 120 000 kg; les nouveau-nés, environ 2 500 kg. Cette baleine est le plus gros animal qui ait jamais existé. Dans l'Antarctique, où les rorquals bleus sont de plus grosse taille que dans l'Atlantique Nord, on a déjà capturé une femelle de 33,2 m pesant plus de 145 000 kg.

pourchassé, atteignant parfois des pointes de 30 km/h. Lorsqu'il s'alimente, il se déplace à des vitesses de 2 à 6,5 km/h, et ses plongées peuvent durer de 5 à 20 minutes. Il lui arrive de faire surface à moins de 100 m de l'endroit où il a plongé, ce qui est caractéristique des plongées à grandes profondeurs. Il peut plonger à 200 m, mais ses proies se trouvent généralement à moins de 100 m de la surface.

Souffle

Son souffle étroit et vertical s'élève jusqu'à 9 m de hauteur.

Espèces semblables

Le rorqual bleu se distingue de la majorité des autres cétacés par sa très grande taille et sa forme effilée. Il diffère du rorqual commun et du rorqual boréal par sa couleur bleu gris, ses petites taches gris pâle et la faible taille de sa nageoire dorsale.

Répartition géographique

Dans l'Atlantique Nord, le rorqual bleu préfère les eaux arctiques et subarctiques, où il fréquente le plateau continental et la haute mer. Il est attiré par les zones où des masses d'eau froides chargées de nutriments favorisent la

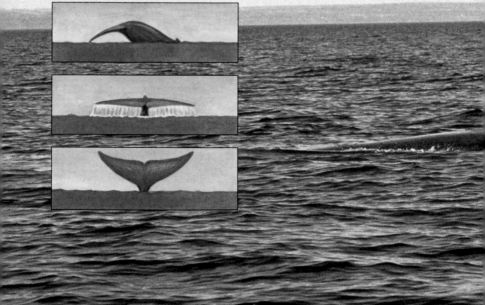

production de plancton et de krill. Au printemps, les rorquals bleus migrent vers les Maritimes et la mer du Labrador. Certains suivent le retrait des glaces et pénètrent parfois dans les détroits de Davis et d'Hudson en été. D'autres pénètrent dans le golfe et l'estuaire du Saint-Laurent pour y passer l'été. On les observe alors le long de la Côte-Nord, dans le détroit de Belle Isle, ainsi qu'au large des côtes de la Nouvelle-Écosse et de Terre-Neuve. Avec la formation des glaces, les rorquals bleus quittent ces régions; ils passent probablement l'hiver en haute mer dans les eaux tempérées.

Alimentation

Le rorqual bleu se nourrit exclusivement de petits crustacés euphausides (krill) qui vivent en immenses bancs dans les eaux de surface. Lorsqu'il s'alimente, il engouffre d'un coup une énorme quantité de krill et d'eau, laissant sa gorge se gonfler au point de doubler le volume de son corps, l'équivalent du volume d'une piscine hors terre. Il expulse ensuite cette masse d'eau en contractant les muscles de sa gorge et avec sa langue, tout en retenant le krill dans la bouche avec les fanons.

Comportement social et vocalisations

Pas très grégaire de nature, le rorqual bleu se voit souvent seul ou en paires. Il forme à l'occasion des petits groupes de 3 ou 4 individus, rarement plus.

Le rorqual bleu émet des sons très graves, ainsi que des infra-sons inaudibles à l'oreille humaine. Ces infrasons graves atteignent une puissance de 180 décibels, ce qui en font les sons les plus puissants et les plus bas émis par une espèce animale. Les sons de basse fréquence voyagent bien dans l'eau. On peut les percevoir à des centaines,

parfois même à des milliers de kilomètres de distance, et on suppose qu'ils permettent aux membres de cette espèce nomade et dispersée de communiquer avec leurs congénères.

Reproduction et soins des jeunes

L'accouplement et la mise bas ont lieu durant l'hiver. La gestation dure de 10 à 12 mois. La femelle donne naissance à un petit tous les 2 ou 3 ans. Durant l'allaitement, qui dure 7 ou 8 mois, le baleineau gagne jusqu'à 90 kg par jour. La mère se sépare de lui probablement lorsqu'il est sevré. Les mâles atteignent la maturité sexuelle quand ils mesurent environ 22,5 m et les femelles 23,5 m, c'est-à-dire à un âge estimé à 5 ou 6 ans.

Prédateurs et facteurs de mortalité

L'épaulard est l'unique prédateur de cette espèce depuis que les baleiniers ne la chassent plus. Le rorqual bleu se méfie habituellement des navires,

Longévité

On ne connaît pas la longévité de cette espèce avec certitude. Elle a cependant été estimée à 80 ans ou plus. La plupart des rorquals bleus n'atteignent probablement pas 50 ans.

mais certains animaux sont victimes de collisions qui causent des blessures graves entraînant parfois la mort. Dans les zones de pêche, il arrive que certains individus s'emmêlent dans les filets dormants dont ils n'ont pas su détecter la présence. On observe à l'occasion

▲ Le rorqual bleu est le plus grand animal qui ait jamais existé.
◀ Il montre parfois la queue en plongeant.
◀ p. 114-115 : Son souffle peut atteindre 9 m de hauteur.

l'emprisonnement d'une baleine bleue dans la glace lorsqu'un vent pousse la banquise contre le rivage. Un tel événement peut être mortel s'il se produit en début d'hiver et que la banquise reste immobile, empêchant la baleine de s'enfuir.

Statut des populations

L'homme a fait la chasse au rorqual bleu dans tous les océans avec des méthodes très efficaces qui ont sérieusement menacé sa survie. Dans l'hémisphère Sud, entre 1904 et 1967, année où on leur a accordé une protection légale, environ 360 000 rorquals bleus ont été capturés par les flottes baleinières. Dans l'Atlantique Nord, la chasse au rorqual bleu en haute mer a été de plus courte durée et est interdite depuis 1938; la chasse côtière a cessé en 1955. Les effectifs dans l'Atlantique Nord oscilleraient entre 600 et 1 500 individus. Cependant, leurs longs déplacements et leur immense aire de répartition font douter de la précision des estimations. En distinguant les rorquals bleus par des marques individuelles et les motifs de coloration de leur peau, on a réussi à répertorier quelque 389 individus dans le golfe et l'estuaire du Saint-Laurent. Après plus de 30 ans de protection, les effectifs de cette espèce ne semblent pas avoir beaucoup augmenté, mais on reste malgré tout optimiste quant à l'avenir de l'espèce dans nos régions. Les mortalités dues aux collisions avec des navires ou aux empêtrements dans des engins de pêche demeurent des sources d'inquiétude. L'espèce est toujours considérée en danger de disparition dans les eaux canadiennes (évaluation du COSEPAC, 2002).

Anecdote

(source : GREMM – *www.baleinesendirect.net*)

Monstre marin

Un rorqual bleu s'alimente en surface. Dans ces moments-là, on peut voir l'animal glisser sur le flanc à la surface de l'eau, son immense gueule démantibulée, sa nageoire pectorale et la moitié de sa queue hors de l'eau. À couper le souffle ! C'est là qu'on comprend ce qui a pu inspirer aux anciens les images de monstres marins. Cette fois, sa mâchoire s'est ouverte juste devant le pneumatique. Mon Dieu, va-t-il nous avaler ? Bien sûr que non, il s'enfonce de nouveau dans l'eau sombre, mais il nous a fait vivre toute une montée d'adrénaline.

De gros baleineaux

En juillet 2003, notre équipe de recherche a photographié la femelle rorqual bleu King Fisher en compagnie d'un baleineau près de Tadoussac. En août, elle a photographié un autre baleineau, cette fois avec la femelle B274. En septembre, le long de la côte gaspésienne, l'équipe du MICS (Station de recherche des îles Mingan) a identifié un troisième petit avec Crinkle. Trois rejetons en un été, c'est du jamais vu pour cette espèce dans le Saint-Laurent. Depuis 1978, seulement 15 observations mère/baleineau de rorqual bleu ont été documentées par le MICS.

▲ Les plongées du rorqual bleu peuvent durer de 5 à 20 minutes.
◀ Notez le rebord arrondi de sa mâchoire supérieure aplatie.
En médaillon : Sa minuscule nageoire dorsale est située bien à l'arrière du dos.

Rorqual à bosse

Famille
des
balénoptéridés

Megaptera novaeangliae

Baleine à bosse, baleine bossue, rorqual longimane,
baleine à taquet, baleine-tampon, mégaptère

Humpback Whale
Bunch

Où peut-on l'observer?

Le rorqual à bosse se rencontre dans tous les océans et toutes les mers du monde, à l'exception des eaux densément couvertes de glaces de l'Arctique et de l'Antarctique. Dans le nord-ouest de l'Atlantique, on le trouve depuis les eaux subtropicales jusqu'au détroit de Davis, incluant le golfe du Saint-Laurent.

Au Québec, les meilleurs endroits pour en faire l'observation sont aux alentours de Mingan et aux environs de Gaspé et de Percé, de juin à novembre. Les rorquals à bosse sont cependant plus nombreux dans les eaux de la Basse Côte-Nord, entre La Tabatière et le détroit de Belle Isle, endroits plus difficiles d'accès. Depuis 1997, on les voit régulièrement dans l'estuaire du Saint-Laurent. À Terre-Neuve, le rorqual à bosse se concentre dans la région sud-est, de la baie Fortune à la baie Bonavista. On l'observe près de ces côtes entre avril et octobre. Il est fréquemment observé dans les eaux de l'embouchure de la baie de Fundy entre juin et octobre, à partir des côtes du sud-ouest de la Nouvelle-Écosse et du sud-est du Nouveau-Brunswick. On l'observe aussi le long de la côte atlantique de la Nouvelle-Écosse.

Caractères distinctifs

Cette espèce a le dos noir, le ventre et le dessous de la queue blancs. Elle porte de longues nageoires pectorales blanches pouvant atteindre 5 m de long (de 20 à 30 % de la longueur du corps) dont le rebord antérieur est couvert de petites bosses. Sa tête aplatie, large et ronde (vue du dessus) est également couverte de petites bosses ou nodules surmontés d'un poil unique. Ces nodules sont souvent colonisés par des balanes ou des puces de mer. Le rorqual à bosse possède entre 270 et 400 fanons gris ou brun foncé mesurant de 80 à 107 cm de longueur. Entre 12 et 36 sillons ventraux partent du bout de sa mâchoire inférieure et finissent sur le ventre, certains atteignant le nombril. Une nageoire dorsale courte et de forme variable surmonte une

◄ La tête est couverte de bosses ou nodules.

► p. 123 : Comme les autres baleines à fanons, l'évent du rorqual à bosse est double et s'ouvre vers l'arrière.

Dimensions

Longueur totale moyenne, mâle adulte : 12,8 m (max. 14,6 m); femelle adulte : 13,5 m (max. 15,1 m); nouveau-né : environ 4,5 m.

Les adultes pèsent entre 25 000 et 30 000 kg, les nouveau-nés, environ 2 000 kg.

bosse plus ou moins prononcée, qui est à l'origine du nom de cette espèce. La queue en forme de papillon comporte un bord crénelé et sa surface inférieure est souvent maculée de blanc.

Nage et plongée

Le rorqual à bosse compte parmi les cétacés les plus lents. Il se déplace généralement à environ 8 km/h mais peut atteindre une vitesse de pointe de 20 km/h. Il fait surface de 4 à 8 fois pour respirer entre ses plongées, qui durent de 10 à 15 minutes. En plongeant, il arque profondément le dos et montre sa queue au dessous maculé de blanc et au bord échancré.

Il peut atteindre des profondeurs de 120 m ou plus, mais la plupart de ses plongées sont à moins de 60 m. Il saute souvent hors de l'eau.

Souffle

En mer, on reconnaît le rorqual à bosse à son souffle diffus, en forme de ballon (parfois en V, donc facile à confondre avec celui d'une baleine noire ou d'une baleine boréale) et s'élevant jusqu'à 3 m de hauteur.

Espèces semblables

Le rorqual à bosse se distingue des autres rorquals par son corps plus trapu, son dos bossu et ses longues nageoires pectorales blanches. À distance, on peut le confondre avec le cachalot macrocéphale parce que les deux espèces ont un souffle aux contours indistincts et montrent la queue au moment de plonger. De près, il est facile de les reconnaître à cause de la bosse du rorqual, de ses nageoires blanches, de la peau plissée du cachalot et de son souffle oblique, dirigé vers l'avant, alors que celui du rorqual à bosse est diffus et en forme de ballon. La queue du rorqual à bosse est crénelée alors que celle du cachalot est triangulaire.

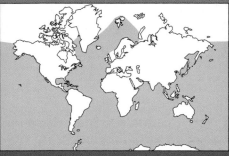

Répartition géographique

Cette espèce fréquente les eaux arctiques, subarctiques, tempérées et tropicales. Au printemps, les rorquals à bosse rejoignent les eaux canadiennes. En avril et mai, ils longent les côtes américaines et viennent passer l'été sur les Grands Bancs et le long des côtes des Maritimes, du golfe du Saint-Laurent, de Terre-Neuve et de la mer du Labrador, jusqu'au détroit de Davis. Dans certaines baies de Terre-Neuve, du côté de l'Atlantique, on peut les voir par centaines en train de manger des capelans. On dénombre régulièrement de 70 à 90 rorquals à bosse en même temps près de Mingan. Dans le détroit de Belle Isle et la Basse Côte-Nord, ils sont encore plus nombreux. Depuis 1997, on voit régulièrement plusieurs baleines à bosse dans l'estuaire en été. En octobre et en novembre, les rorquals à bosse

longent la côte est des États-Unis vers les eaux tropicales, où ils passent l'hiver. Ils s'accouplent et mettent bas du côté atlantique de la République dominicaine, sur le banc d'Argent, le banc de la Nativité et le banc Mouchoir, entre janvier et mars. Quelques rorquals à bosse continuent vers le sud, gagnant les Petites Antilles.

Alimentation

Dans nos eaux, le rorqual à bosse se nourrit principalement de capelan. Il prend aussi des crustacés euphausides (krill), du hareng et du lançon. Il utilise différentes techniques de capture, suivant la nature et la densité de ses proies, la profondeur de l'eau et les conditions ambiantes. Il est possible que ses grandes nageoires blanches, très visibles sous l'eau, lui servent à rabattre les poissons vers la surface. Il frappe parfois l'eau de sa queue ou de ses nageoires pour les abasourdir. On l'a aussi vu nager en cercle sous ses proies en laissant échapper un rideau de bulles pour les contenir avant de les engouffrer. Lorsque les proies sont concentrées à la surface, il s'attaque au banc par-dessous, faisant brusquement surface la bouche ouverte, gorgée d'eau et de poissons. Les poils surmontant les bosses qui ornent sa tête seraient vraisemblablement des organes tactiles facilitant la détection des proies. Plusieurs rorquals à bosse peuvent coopérer pour maîtriser un banc de proies et en faciliter la capture. Le rorqual à bosse est souvent entouré de dauphins qui se nourrissent avec lui.

Comportement social et vocalisations

Dans les eaux tropicales, les rorquals à bosse forment souvent des petits groupes de 2 à 9 individus. Ces groupes comprennent quelques femelles accompagnées de leurs petits et de quelques autres adultes, mâles ou femelles. Durant les migrations, les rorquals à bosse forment des troupeaux d'importance variable. On a observé en 1904 un troupeau de plus d'une centaine d'individus au large de la Nouvelle-Écosse.

Le rorqual à bosse est réputé pour ses prouesses. On le voit souvent jaillir hors de l'eau et se laisser retomber à plat avec force éclaboussures (comportement appelé *breaching* en anglais). Il peut répéter cette acrobatie plusieurs fois de suite. Il lui arrive de nager sur le dos et de battre ses longues nageoires contre la surface de l'eau pour rabattre ou abasourdir les poissons. Cette manœuvre pourrait aussi lui permettre de signaler sa présence à un site d'alimentation ou à marquer son agressivité face à ses congénères.

Sous les Tropiques, les mâles adultes sont très bavards. Durant la période des amours, ils répètent inlassablement pendant des heures de longs chants composés de sons ordonnés en séquences pratiquement invariables d'une durée de 6 à 35 minutes chacune. Ces chants permettent apparemment aux mâles de manifester leur présence sur un territoire et d'attirer l'attention des femelles.

Reproduction et soins des jeunes

L'accouplement et la mise bas se produisent entre janvier et mars. La plupart des femelles donnent naissance à un petit tous les 2 ou 3 ans, après 11 à 12 mois de gestation. Certaines ont un petit à chaque

▲ Saut mettant en évidence les longues nageoires pectorales blanches et bosselées.

◀ Comme tous les rorquals, sa gorge peut devenir énormément gonflée lorsqu'il se nourrit.

année. L'allaitement dure près d'un an. Le baleineau est probablement abandonné par sa mère une fois qu'il est sevré. La maturité sexuelle est atteinte chez le mâle quand il mesure environ 11 m, et chez la femelle 12 m, soit vers l'âge de 5 ans.

Prédateurs et facteurs de mortalité

L'épaulard constitue probablement son seul prédateur depuis que les baleiniers ont cessé d'en faire la chasse. Il n'est pas rare qu'un rorqual à bosse se prenne dans des filets de pêche en poursuivant des poissons. Il cause parfois de sérieux dommages aux engins en essayant de se dégager et, ce faisant, risque de se noyer. Il lui arrive aussi d'être tué lors d'une collision avec un navire.

Longévité

On ne connaît pas avec certitude la longévité de cette espèce. Elle est estimée à environ 50 ans, mais on croit que la plupart des individus n'atteignent pas l'âge de 30 ans.

Statut des populations

Sa lenteur et sa présence fréquente le long des côtes ont fait longtemps du rorqual à bosse une proie facile pour les chasseurs côtiers, qui en ont sérieusement abaissé le nombre. Le rorqual à bosse est protégé depuis 1962 en vertu d'une entente internationale. Dans l'Atlantique Nord, il n'y a que dans les îles caraïbes Saint-Vincent et Grenadines que les chasseurs en prennent (un ou deux individus par année, pour consommation locale). La population de l'Atlantique Nord semble avoir profité de cette protection. On estime qu'elle est en croissance d'environ 3 % par année et qu'elle compte environ 12 000 individus, dont quelques milliers visitent nos côtes. On a estimé à environ 120 le nombre d'individus dans le golfe du Saint-Laurent en 1995. L'espèce n'est plus considérée comme en péril dans les eaux canadiennes (évaluation du COSEPAC, 2003).

Anecdote

(source: GREMM – www.baleinesendirect.net)

En 2003, quatre rorquals à bosse ont fréquenté le secteur Tadoussac-Les Escoumins une partie de l'été : Tic Tac Toe, Le Souffleur, Siam et H492. Tic Tac Toe et Le Souffleur ont formé une paire tout à fait explosive.

Ils nous ont fait vivre toute la gamme des comportements exubérants de cette espèce : coups de queue et de nageoires, sauts hors de l'eau (breaches), nage sur le dos, queue sortie de l'eau à la verticale, bruits de trompette produits avec l'évent (trumpetting), gueules ouvertes, espionnage (spyhopping), investigation de bateaux. Ils ont aussi fait du billotage ; moments plus tranquilles. Le partage d'informations avec le MICS (Station de recherche des îles Mingan) nous a permis d'avoir connaissance de l'aller-retour Tadoussac-Mingan de ces deux compères, voyage réalisé en seulement dix jours.

▲ La queue en forme de papillon est crénelée et maculée de blanc.
◄ Une petite nageoire dorsale surmonte son dos bossu.

Baleine noire
de l'Atlantique Nord

Famille des balénidés

Eubalaena glacialis

Baleine franche, baleine franche du Nord, baleine de Biscaye, baleine des Basques, baleine sarde

Black Right Whale
Northern Right Whale, Biscayan Right Whale

Où peut-on l'observer?

Cette espèce vit dans les zones tempérées et subarctiques des océans du monde. Dans l'Atlantique Nord-Ouest, on la trouve principalement dans les eaux côtières, incluant le golfe du Saint-Laurent, depuis le sud du Labrador jusqu'au golfe du Mexique.

Cette baleine était rarement vue dans les eaux du golfe du Saint-Laurent avant que le groupe Observation Littoral Percé n'en découvre une concentration au large de Percé en 1995. Depuis ce temps, chaque année, sauf en 1999, plusieurs baleines noires y été observées, particulièrement dans le secteur du Cap d'Espoir. De plus, des photographies permettent de confirmer que certains individus reviennent d'année en année et semblent avoir adopté le secteur. Depuis 1998, on rapporte de plus en plus d'observations de baleines noires ailleurs dans le Saint-Laurent: îles de la Madeleines, baie des Chaleurs, Basse Côte-Nord et estuaire du Saint-Laurent, dans les limites du parc marin du Saguenay-Saint-Laurent. À quelques occasions, on en a vu au sud ou à l'est de Terre-Neuve mais c'est à l'embouchure de la baie de Fundy durant l'été, particulièrement au large de la côte est de l'île Grand Manan, qu'on en observe le plus fréquemment. On peut aussi voir la baleine noire au sud de la Nouvelle-Écosse, au large du cap Sable. Ces deux endroits sont désignés refuges, où l'on décourage la circulation maritime pour éviter le harcèlement de cette espèce en voie de disparition.

Caractères distinctifs

Cette espèce a le corps entièrement noir ou brun à l'exception des callosités, plus pâles, et de quelques taches blanches sur le ventre. Les callosités (ou bonnets) sont de grosses excroissances rugueuses implantées sur la tête. Celles-ci sont souvent couvertes de balanes. La mâchoire inférieure est énorme et arquée et la mâchoire supérieure, mince et recourbée. Les

◀ Un baleineau, espoir pour cette espèce menacée, joue avec sa mère.

▶ p. 130-131: L'énorme mâchoire inférieure est fortement arquée. En médaillon: La tête est couverte de callosités et de balanes.

Dimensions

Longueur totale moyenne des adultes: 15 m (max. 18 m); nouveau-nés: 4 à 6 m.

Les adultes pèsent en moyenne 55 000 kg et peuvent atteindre 90 000 kg.
Les nouveau-nés pèsent de 2 000 à 3 000 kg.

fanons, brun foncé ou noirs, mesurent entre 221 et 240 cm. La baleine noire ne possède pas de nageoire dorsale. Elle arque le dos et montre la queue en plongeant.

Peu farouche, elle se laisse parfois approcher de très près par une embarcation. Cette confiance, qui la rend vulnérable aux attaques des baleiniers, a sûrement contribué à son rapide déclin.

Nage et plongée

La baleine noire nage lentement, à une vitesse de 4 ou 5 km/h la plupart du temps. Lorsqu'elle plonge, sa queue sort complètement de l'eau. Ses plongées durent entre 10 et 20 minutes, rarement plus, mais elles peuvent atteindre 50 minutes. On ignore à quelle profondeur elle peut descendre, mais ses proies se trouvent généralement à moins de 100 m de la surface.

Souffle

En mer, on reconnaît la baleine noire à son souffle double, diffus et en forme de V, qui s'élève parfois jusqu'à 5 m de hauteur. Cette forme particulière est causée par l'espace qui sépare les évents. Après une plongée, cette baleine souffle 5 ou 6 fois de suite. Lorsqu'elle nage en surface, il arrive que son souffle lent et régulier soit difficile à distinguer.

Espèces semblables

On distingue la baleine noire de la plupart des cétacés par la forme de sa tête, la largeur de son dos et l'absence de nageoire dorsale. La baleine boréale, qui lui ressemble, est entièrement noire, a souvent le devant de la mâchoire inférieure blanc et ne porte pas de callosités.

Répartition géographique

La baleine noire fréquente principalement les eaux tempérées et se tient souvent près des côtes, en eau peu profonde, mais on l'a déjà observée dans des zones pouvant atteindre 180 m de profondeur. De nos jours, on la voit presque uniquement dans la baie de Fundy et au large de la Nouvelle-Écosse, durant l'été et en automne. Il se fait parfois quelques observations sur la côte atlantique de Terre-Neuve.

Entre 1976 et 1987, on n'a vu que six individus dans le golfe du Saint-Laurent, mais depuis 1995 le nombre d'observations a augmenté dans cette région grâce à un nouveau réseau d'observateurs.

Alimentation

La baleine noire se nourrit principalement de petits copépodes et occasionnellement d'euphausides (krill), qu'elle filtre avec ses longs fanons en nageant lentement, la bouche entrouverte, dans les bancs de plancton. Elle filtre l'eau continuellement tout en manœuvrant pour se maintenir là où le plancton est concentré. Elle s'alimente en surface comme en profondeur, selon la distribution de ses proies.

Comportement social et vocalisations

Les baleines noires sont souvent seules ou en paires. Elles forment aussi de petits groupes de quelques dizaines d'individus. Cette espèce peu démonstrative se déplace lentement près de la surface. Il lui arrive parfois de sauter hors de l'eau, de frapper la surface avec sa queue et même de se laisser dériver, tête en bas, la queue sortie de l'eau.

La baleine noire émet des grognements et des sons graves à basse fréquence, entre 50 et 500 hertz ainsi que des sons plus aigus entre 1 500 et 2 000 hertz.

Reproduction et soins des jeunes

Les adultes s'accouplent entre février et juin, et la mise bas se produit entre décembre et avril, après une gestation d'environ 10 mois. On estime que la femelle n'a qu'un petit tous les 3 ans. L'allaitement durerait environ 6 ou 7 mois. Les deux sexes mesurent entre 13 et 16 m et ont 6 ans ou plus lorsqu'ils atteignent la maturité sexuelle. Le baleineau est probablement abandonné par sa mère une fois qu'il est sevré.

Longévité

On ne connaît pas la longévité maximale de la baleine noire, mais il est probable que certains individus dépassent 50 ans; la majorité vivrait plutôt 30 ou 40 ans.

Prédateurs et facteurs de mortalité

L'épaulard est, semble-t-il, le seul prédateur de cette espèce depuis que la chasse en est interdite. Les collisions avec des navires et les empêtrements dans des engins de pêche semblent être des facteurs importants de mortalité pour la population en danger de l'Atlantique Nord-Ouest. La plupart des baleines noires adultes portent des cicatrices qui semblent indiquer qu'elles ont souffert d'au moins un empêtrement ou d'une collision dans le passé. Depuis 1970, on rapporte en moyenne deux empêtrements dans un engin de pêche et une collision avec un navire par année.

Statut des populations

La chasse impitoyable pratiquée par les baleiniers des siècles passés a sérieusement menacé la survie de la baleine noire, qui était autrefois une des espèces les plus communes de nos eaux. Une migration annuelle menait autrefois les baleines noires depuis les côtes américaines jusqu'à celles des Maritimes et du golfe du Saint-Laurent durant l'été. Certaines s'aventuraient même dans la mer du Labrador. L'espèce est devenue extrêmement rare dans ces régions. En dépit de l'interdiction de chasse en vigueur dans l'Atlantique Nord depuis 1937, elle reste en grave danger d'extinction dans nos eaux (évaluation du COSEPAC, 2003) ainsi que partout ailleurs dans son aire de distribution. En repérant les baleines noires grâce à leurs taches et à leurs callosités, on a réussi à répertorier 263 individus dans le golfe du Maine et la baie de Fundy. On estime leur nombre total dans nos eaux à seulement 300 individus. Cette population a connu une croissance d'environ 2,5 % par année entre 1986 et 1992. Cependant, il semble que cette croissance ait été compromise par un nombre élevé de mortalités accidentelles causées par des empêtrements dans des engins de pêche et des collisions avec des navires. On a élaboré récemment des plans de rétablissement au Canada et aux États-Unis pour tenter de redresser cette situation.

Anecdote

(source : GREMM – www.baleinesendirect.net)

L e lundi 3 août 1998, le GREMM faisait paraître un « bulletin extraordinaire » des Nouvelles du large. En voici un extrait :

Des baleines franches à Tadoussac !

Voilà une nouvelle qu'on n'avait pas entendue depuis le milieu du 17e siècle : il y a des baleines franches à Tadoussac ! Deux représentants de la grande baleine la plus menacée du monde sont venus faire un tour au large de Grandes-Bergeronnes, le vendredi 31 juillet.

En effet, la baleine noire, aussi appelée baleine franche, était abondante autrefois dans le Saint-Laurent, où les Basques la chassaient. Sa population frise maintenant l'extinction.

Toujours en 1998, le 22 août, deux baleines noires ont de nouveau été observées à Tadoussac.

En fait, à l'été 1998, plusieurs autres individus de cette espèce ont été aperçus dans le golfe du Saint-Laurent. Depuis, on rapporte de plus en plus d'observations. Le 16 août 2002, une baleine noire a encore remonté le Saint-Laurent jusqu'à Tadoussac. De la grande visite !

◣ Cas rare, cet individu a une grande tache blanche sur la gorge.

◀ p. 132-133 : La baleine noire montre sa queue lisse et noire en plongeant.

Baleine boréale

Famille
des
balénidés

Balaena mysticetus

Baleine franche boréale, baleine du Groenland,
baleine franche du Groenland

Bowhead Whale
Greenland Right Whale

Où peut-on l'observer?

On ne trouve plus cette espèce que dans les eaux arctiques et sub-arctiques, généralement entre le 60ᵉ et le 85ᵉ parallèles nord.

Au Québec, cette espèce peut être observée, bien que très rarement, dans la région du Nunavik (Nord québécois) au large des côtes nord-ouest de la baie d'Hudson et de celles du détroit d'Hudson. Il est plus probable qu'on puisse en voir autour de l'île de Baffin, au Nunavut. Les meilleurs endroits d'observation sont, en été, aux alentours du village d'Igloolik ou, à l'automne, dans la baie Isabella, au sud du village de Clyde River.

Caractères distinctifs

Cette espèce a le corps entièrement noir et est dépourvue de nageoire dorsale. En vieillissant, plusieurs individus voient l'extrémité de leur mâchoire inférieure se maculer de blanc et des taches blanches apparaître sur leur pédoncule et leur nageoire caudale. La tête de la baleine boréale est dépourvue de callosités; sa mâchoire inférieure est énorme et arquée et sa mâchoire supérieure mince et recourbée. Ses 230 à 360 fanons noirs sont plutôt minces et mesurent jusqu'à 450 cm de longueur.

Nage et plongée

Au cours de ses déplacements, la baleine boréale nage à une vitesse d'environ 5 à 7 km/h. Elle demeure en plongée de 10 à 20 minutes et parfois jusqu'à 30 minutes. Pendant qu'elle se nourrit, elle fait surface toutes les 5 ou 10 minutes, respirant de 4 à 6 fois à chaque remontée. Lorsqu'une glace mince (jusqu'à quelque 20 cm d'épaisseur) se forme dans les fissures de la banquise, elle la casse avec sa tête pour atteindre l'air libre. Les chasseurs d'antan rapportent que les baleines boréales harponnées pouvaient plonger à plus de 500 m de profondeur pour tenter de s'échapper. Cette baleine arque le dos et montre la queue en plongeant.

◄ Une jeune baleine boréale se repose immobile en surface.

Dimensions

Longueur totale moyenne des adultes: 15 m (max. 20 m); nouveau-nés: 3,5 à 4,5 m.

Les adultes pèsent environ 90 000 kg mais peuvent atteindre 120 000 kg, et les nouveau-nés de 2 000 à 3 000 kg.

Souffle

En mer, on la reconnaît à son souffle double en forme de V, qui peut s'élever jusqu'à 7 m de hauteur.

Espèces semblables

En surface, la baleine boréale se démarque de la plupart des cétacés par l'arche formée par son rostre suivi d'un dos massif et par l'absence de nageoire dorsale. Elle se distingue de la baleine noire par l'absence de callosités et par sa mâchoire inférieure souvent maculée de blanc.

Répartition géographique

Le pack est indissociable de l'habitat de cette espèce. Durant la majeure partie de l'année, la baleine boréale fréquente les chenaux qui se forment entre les bancs de glace en mouvement. En été, elle préfère les eaux peu profondes le long des côtes, dans les baies et les fjords. Les baleines boréales de l'est de l'Arctique passent l'hiver dans le pack de

la mer de Baffin et des détroits de Davis et d'Hudson. Elles migrent vers l'Archipel arctique lorsque les glaces se disloquent. On les voit apparaître au nord de l'île de Baffin aux environs du mois de mai. Certaines pénètrent dans la baie d'Hudson par le détroit d'Hudson et y passent l'été. Elles y demeurent parfois même en hiver lorsque l'état des glaces est favorable. En septembre, sur la côte est de l'île de Baffin, des dizaines de baleines boréales se rassemblent dans la baie Isabella où elles se nourrissent dans des dépressions profondes; leur activité sociale est alors importante.

Alimentation

La baleine boréale capture avec ses longs fanons, généralement à faible profondeur, des crustacés planctoniques de taille minuscule. Ce sont principalement des copépodes, mais elle consomme aussi des euphausides (krill), des ptéropodes, des mysides et des amphipodes. On a déjà trouvé des organismes de fond, tels que des étoiles de mer et des vers marins, dans l'estomac de baleines boréales mais ils sont probablement ingérés accidentellement lorsqu'elles avalent leurs proies trop près du fond.

Comportement social et vocalisations

Les baleines boréales se déplacent généralement seules ou en groupes de 2 à 10 individus. Des groupes plus importants sont parfois observés, probablement en réaction à des concentrations localisées de leurs proies. On peut voir certaines de ces baleines se projeter complètement hors de l'eau (*breaching*) ou frapper la surface de l'eau avec leur queue. Il arrive que les groupes de baleines boréales jaillissent hors de l'eau en parfaite synchronie, ce qui laisse croire que ces comportements jouent un rôle dans la communication.

◀ La baleine boréale montre la queue en plongeant.
▶ p. 140-141 : Une jeune baleine boréale jaillit verticalement, semblant épier les environs.

Reproduction et soins des jeunes

On croit que l'accouplement et la mise bas se produisent généralement au printemps, bien que des accouplements aient été observés à
l'automne. La gestation dure environ 12 mois, et la femelle allaite
son baleineau pendant 5 ou 6 mois. Elle donne naissance à un seul
petit tous les 3 ou 4 ans. La maturité sexuelle est atteinte chez le
mâle quand il mesure environ 12 m et chez la femelle, 13 m, soit à
10 ans ou plus. La mère se sépare probablement de son jeune une fois
qu'il est sevré.

Prédateurs et facteurs de mortalité

L'épaulard est de toute évidence le seul prédateur naturel de la baleine
boréale, à laquelle les Inuits d'Alaska et du Canada font encore la
chasse à des fins de subsistance. Ceux-ci ne prennent que quelques

dizaines d'individus en Alaska tandis qu'au Canada, ils restreignent leurs prises à environ un spécimen à tous les deux ou trois ans.

Statut des populations

Cette espèce a été chassée excessivement et a probablement frôlé l'extinction dans plusieurs parties de son aire circumpolaire. Durant les 18e et 19e siècles, on a capturé plus de 30 000 baleines boréales dans l'est de l'Arctique. Cette baleine était prisée pour sa lenteur qui la rendait facile à

Longévité

Il y a des raisons de croire que la longévité maximale de cette espèce dépasse 100 ans. On a trouvé par exemple des têtes de harpons primitifs dans certaines baleines boréales chassées récemment par les Inupiats d'Alaska. Ce type de tête de harpon n'est plus utilisé depuis au moins un siècle. Des analyses isotopiques semblent indiquer la même chose, la longévité maximale dépassant la centaine et peut-être même deux cents ans. Il est toutefois probable que la plupart des baleines boréales n'atteignent pas cet âge vénérable.

tuer, mais aussi par le fait qu'elle flottait après avoir été tuée et qu'elle donnait beaucoup d'huile. Les longs fanons de la baleine boréale, appelés justement baleines, servaient autrefois à raidir les corsets et les crinolines ainsi qu'à donner un peu de souplesse aux sièges des divans et à la suspension des voitures d'enfants.

On estime les effectifs actuels à quelques centaines d'individus dans cette région, mais des observations récentes laissent croire que la population est en train d'augmenter. Il n'y pas eu d'évaluation récente de l'espèce, qui était considérée comme en voie de disparition partout dans son aire de distribution (évaluation du COSEPAC, 1987). Toutefois, la population de la mer de Beaufort, estimée à plus de 7 000 individus en 1988, croît d'environ 2 % par année, malgré une chasse de subsistance menée par les Inupiats d'Alaska et des captures occasionnelles par les Inuvialuits des Territoires du Nord-Ouest. La population de l'est de l'Arctique canadien montre aussi des signes récents de croissance mais est relativement petite, probablement d'un millier d'individus tout au plus. Au Nunavut, les Inuits en prennent une tous les deux ou trois ans. Cette chasse, pratiquée largement pour des raisons culturelles, n'affecte vraisemblablement pas la croissance de la population.

Anecdote

(source : les auteurs)

*E*n route vers le petit village de Clyde River sur l'île de Baffin, nous survolions la côte afin de tenter d'apercevoir une baleine boréale avant d'atterrir. Nous étions à la mi-août et les baleines boréales, qui passent l'été plus au nord, débutent normalement leur migration plus tard dans la saison. Nous ne nous attendions pas à voir grand-chose mais sait-on jamais ! ? Tout à coup, l'un de nous crie « baleine boréale ! ». On fait demi-tour pour vérifier l'observation. Oui, il s'agissait bien d'une baleine boréale, espèce rare depuis la chasse sans répit que lui ont fait subir les baleiniers d'autrefois. Ses 15-20 mètres de long, son corps trapu et noir et sa large queue étaient des preuves indéniables. Satisfaits par cette observation, nous avons poursuivi notre chemin, heureux d'avoir pu voir ce qui était probablement une des rares baleines boréales de la côte est de l'île de Baffin à ce temps-là de l'année. Les jours suivants, à notre grand étonnement, nous avons vu 21 baleines boréales en survolant la côte qui sépare les villages de Clyde River et de Qikiqtarjuaq, un nombre jamais vu même par les chercheurs arctiques les plus expérimentés parmi nous ! Il y aurait donc du vrai dans l'observation des Inuits à l'effet que la population de l'espèce augmente ! Déjà impressionnés par leur nombre, nous avons pu aussi assister à un extraordinaire spectacle lorsque que plusieurs d'entre elles ont jailli hors de l'eau et sont retombées à plat avec force éclaboussements.

▲ La mâchoire inférieure de la baleine boréale est souvent maculée de blanc.
◄ Son surnom anglais, *bowhead*, provient de la forme arquée de sa tête.

Marsouin commun

Famille
des
phocénidés

Phocoena phocoena

Pourcil, marsouin des rades, marsouin des ports

Harbour Porpoise
Common Porpoise, Puffing Pig

Où peut-on l'observer?

On trouve cette espèce dans le nord de l'Atlantique et du Pacifique, dans les mers de Béring et des Tchouktches, ainsi que dans les mers Blanche, de Barents, du Nord, Baltique et Noire. Dans l'est de l'Amérique du Nord, on l'observe depuis les côtes du sud de l'île de Baffin, du Labrador et des Maritimes jusqu'en Caroline du Nord, ainsi que dans le golfe et l'estuaire du Saint-Laurent.

Le marsouin commun est souvent difficile à voir à cause de sa petite taille, de sa couleur sombre, de ses habitudes ordinairement peu sociables et de sa timidité face aux embarcations. Par temps calme, avec de la patience et de bonnes jumelles, on peut en voir à peu près partout, du printemps à l'automne, au large des côtes orientales du Québec, dans l'estuaire et le golfe du Saint-Laurent. On l'observe aussi à partir des côtes de Terre-Neuve durant ces mêmes périodes. Les marsouins communs sont encore plus fréquemment observés dans les eaux de la baie de Fundy et le long des côtes atlantiques de la Nouvelle-Écosse, où l'on en trouve à longueur d'année, bien qu'ils soient plus nombreux en été.

Caractères distinctifs

Cette espèce a le dos et les nageoires noirs, le ventre blanc ainsi que les flancs et l'arrière de la tête gris. Son corps trapu et de petite taille est surmonté d'une nageoire dorsale en forme de triangle plus ou moins équilatéral. De 88 à 112 dents en forme de spatules garnissent ses mâchoires. Il est rare que le marsouin commun saute complètement hors de l'eau comme les dauphins, mais il s'enfuit avec force éclaboussements lorsqu'il prend peur.

Le marsouin commun est moins enjoué que les dauphins et il évite habituellement les bateaux en marche. Il lui arrive cependant de s'approcher d'une embarcation dont le moteur tourne au ralenti. Les jours calmes et ensoleillés, on voit parfois le marsouin se reposer, immobile, à la surface de l'eau.

◀ Le plus petit cétacé de l'Atlantique Nord.

Dimensions

Longueur totale moyenne, mâle adulte: 1,45 m; femelle adulte: 1,6 m; longueur totale maximum des adultes: 2 m; nouveau-né: environ 0,8 m.

Les adultes pèsent entre 45 et 60 kg, atteignant parfois 90 kg.
Les nouveau-nés pèsent environ 5 kg.

Nage et plongée

Le marsouin commun nage lentement et bondit rarement hors de l'eau, mais il peut atteindre 20 km/h avec force éclaboussements lorsqu'il est poursuivi. Il peut plonger à plus de 200 m de profondeur mais, la plupart du temps, il ne descend pas à plus de 60 m. En général, ses plongées durent 1 ou 2 minutes, exceptionnellement jusqu'à 6 minutes.

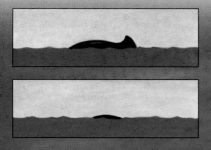

Souffle

Faible et habituellement peu visible.

Espèces semblables

Son corps noir, sa petite taille et sa nageoire dorsale triangulaire le distinguent des autres espèces de cétacés.

Répartition géographique

Le marsouin commun fréquente le plateau continental dans les eaux subarctiques et tempérées, et plus rarement dans les eaux arctiques. Sa distribution dans nos eaux est étroitement liée à celle des bancs

de poissons dont il se nourrit. Dans l'estuaire et le golfe du Saint-Laurent, à Terre-Neuve et dans les Maritimes, les marsouins communs fréquentent par milliers, en été, les baies, les embouchures de rivières et les eaux peu profondes du littoral. On les voit rarement dans des eaux de plus de 125 m de profondeur. Ils sont particulièrement nombreux dans la baie de Fundy en juillet, peu après la mise bas. La majorité des marsouins quittent cet endroit en octobre. Seuls quelques individus, principalement des mâles et de jeunes immatures, demeurent dans la baie durant l'hiver. Les autres s'éloignent vers le large et le sud, gagnant probablement les grands bancs.

Alimentation

Le marsouin commun se nourrit surtout de poissons comme le capelan, le hareng, la goberge, le maquereau et la merluche. Il prend aussi des calmars et des crustacés de fond.

Comportement social et vocalisations

Les marsouins communs sont grégaires. On les observe fréquemment en groupes de 2 à 10 individus ; on en voit parfois jusqu'à 20 à la fois. Ces petits groupes peuvent se rassembler pour former des

troupeaux de plusieurs centaines d'individus lorsque leurs proies sont concentrées à un endroit particulier, tout en maintenant entre eux une certaine distance.

Cette espèce émet des sons graves ainsi que des pulsions sonores à des fréquences ultrasoniques, soit environ 140 kilohertz, qui servent à l'écholocation.

Reproduction et soins des jeunes

Les femelles peuvent avoir un petit par année, en mai ou juin, après une période de gestation de 10 ou 11 mois. Elles mettent bas vraisemblablement au large et apparaissent près des côtes avec leur petit peu après sa naissance. Elles préfèrent alors les eaux peu profondes et les anses protégées du vent et des vagues. La période d'allaitement dure entre 5 et 9 mois, au terme de laquelle la mère se sépare probablement de son rejeton. L'accouplement se produit entre juillet et août. Mâles et femelles atteignent la maturité sexuelle à l'âge de 3 ou 4 ans.

▲ Le marsouin est une espèce aux moeurs discrètes.

◀ p. 146-147 : Notez son dos noir, ses flancs gris et sa nageoire triangulaire

Prédateurs et facteurs de mortalité

L'épaulard et deux espèces de requins, le laimargue et le requin blanc, s'attaquent au marsouin commun. L'espèce était chassée autrefois pour sa viande à Terre-Neuve et dans les Maritimes, mais cette pratique a beaucoup diminué. Par contre, des centaines de marsouins communs sont capturés accidentellement chaque année dans des filets de pêche. Dans l'Atlantique Nord-Ouest, on pratique aussi la chasse au marsouin commun au Groenland, où il s'en capture entre 700 et 2 000 par année.

Statut des populations

Le marsouin commun est moins connu du public que les grandes baleines. Sa petite taille et sa couleur noire le rendent difficile à discerner dans les vagues. Pourtant, c'est probablement le cétacé le plus commun dans nos eaux. On a estimé leur nombre à près de 90 000 dans le golfe du Maine et la baie de Fundy et à plus de 20 000 dans le golfe du Saint-Laurent. On ne connaît pas les effectifs dans les eaux baignant les côtes atlantiques de Terre-Neuve ou dans la mer du Labrador, où l'espèce est commune. Les nombreuses prises accidentelles dans les engins de pêche sont une source d'inquiétude, mais on n'est pas en mesure d'évaluer exactement leur impact sur la tendance des populations de marsouins. On considère préoccupant l'état des populations de marsouins dans les eaux canadiennes (évaluation du COSEPAC, 2003).

Longévité

Le marsouin commun vit rarement plus de 8 ans. La longévité maximum enregistrée est de 17 ans.

Anecdote

(*source: GREMM – www.baleinesendirect.net*)

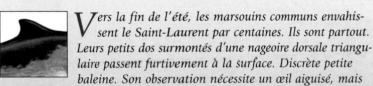

Vers la fin de l'été, les marsouins communs envahis-sent le Saint-Laurent par centaines. Ils sont partout. Leurs petits dos surmontés d'une nageoire dorsale triangu-laire passent furtivement à la surface. Discrète petite baleine. Son observation nécessite un œil aiguisé, mais aussi une oreille fine. Dans des conditions de brume intense, à bord d'un bateau… On entend leurs souffles légers qui nous entourent. Même chose lors d'une sortie de nuit en kayak. On ne les voit pas mais ils sont là. Pchch… Pchch… Si l'on trempe un hydrophone dans l'eau, écouteurs sur la tête, on entend leurs sons aigus, irréels. C'est le monde fabuleux de la communication entre cétacés qui s'offre à nous.

▲ Par temps calme, on voit bien son petit dos noir glisser à la surface.
◄ Carcasse de jeune marsouin portant des marques de filets de pêche.

Dauphin à flancs blancs de l'Atlantique

Famille des delphinidés

Lagenorhynchus acutus

Lagénorhynque à flancs blancs, lagénorhynque de l'Atlantique, sauteur, cochon de mer

Atlantic White-sided Dolphin
Jumper, Squidhound

Où peut-on l'observer?

On rencontre cette espèce dans l'Atlantique Nord, le détroit de Davis, les eaux du sud du Groenland, de l'Islande, et dans les eaux britanniques et scandinaves. Dans l'Atlantique Nord-Ouest, on la trouve depuis le détroit de Davis jusqu'en Caroline du Nord. Elle est particulièrement abondante dans le golfe du Saint-Laurent.

Les meilleurs endroits pour en faire l'observation au Québec sont la Côte-Nord, de Pointe-des-Monts à Havre-Saint-Pierre, et la région de Gaspé et de Percé. On en voit rarement dans l'estuaire du Saint-Laurent. À Terre-Neuve, on l'observe près des côtes en été, en particulier autour de la péninsule d'Avalon. Le dauphin à flancs blancs est fréquemment observé à l'embouchure de la baie de Fundy entre juin et octobre, à partir des côtes sud-ouest de la Nouvelle-Écosse et sud-est du Nouveau-Brunswick. Il est aussi commun le long des côtes atlantiques de la Nouvelle-Écosse et dans le détroit de Cabot.

Caractères distinctifs

Ce dauphin a le dos et les nageoires noirs, le ventre blanc et les flancs gris ornés d'une bande blanche prolongée vers l'arrière par une bande jaune. Sa nageoire dorsale est haute, pointue et arquée vers l'arrière et ses nageoires pectorales noires se détachent sur le fond blanc du ventre. Il possède 120 à 160 dents minces et pointues. Il nage souvent en groupe.

Nage et plongée

Comme tous les delphinidés, le dauphin à flancs blancs est agile et peut jaillir complètement hors de l'eau. Il n'est pas rare de voir une bande ou un troupeau de ces dauphins pleins de fougue, bondissant et frappant la surface de l'eau avec leur queue. Ceux-ci suivent aussi volontiers les bateaux ou les canots à moteur qui les entraînent dans leur sillage. Le dauphin à flancs blancs peut atteindre des vitesses de pointe de 25 à 35 km/h.

◄ Remarquez les flancs ornés d'une bande blanche suivie d'une bande jaune.

Dimensions

Longueur totale moyenne, mâle adulte: 2,45 m (max. 2,67 m); femelle adulte: 2,2 m (max. 2,36 m); nouveau-né: environ 1,2 m.

Les adultes pèsent entre 130 et 230 kg et les nouveau-nés, environ 24 kg. Les femelles sont plus petites que les mâles.

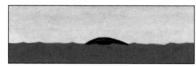

La durée et la profondeur de plongée de cette espèce ne sont pas connues, mais on sait que ses proies se trouvent généralement à moins de 100 m de la surface.

Souffle

Faible et habituellement peu visible à distance.

Espèces semblables

On peut le confondre avec le dauphin commun (*Delphinus delphis*) qui n'a pas de bande jaune sur les flancs et dont le museau est plus long, pointu et marqué de blanc à la base du front. Il ressemble aussi au dauphin à nez blanc qui, lui, a le bec blanc et dont le dos noir est marqué d'une selle grise derrière la nageoire dorsale.

Répartition géographique

Le dauphin à flancs blancs fréquente surtout les eaux tempérées et subarctiques. Il se tient principalement au large mais, durant l'été, il s'approche du littoral et pénètre dans les baies.

Alimentation

Le dauphin à flancs blancs se nourrit de calmar, de hareng, de capelan, de lançon, de bar rayé, de maquereau, de salmonidés et de crevettes. Il s'associe parfois au rorqual commun dans sa quête de nourriture. Lorsqu'un rorqual repousse un banc de poissons vers la surface, le dauphin profite de la confusion pour en capturer quelques-uns à l'aide de ses mâchoires garnies de dents bien acérées.

Comportement social et vocalisations

On connaît peu de chose du comportement de ce dauphin. On le voit surtout durant l'été et à l'automne quand il s'approche des côtes et pénètre dans les baies à la recherche de nourriture.

Très grégaire, le dauphin à flancs blancs forme des troupeaux d'une cinquantaine d'individus en moyenne. Mais les troupeaux de 500 individus ou plus sont assez communs; ils sont composés de petits groupes de 3 à 10 membres qui se déplacent et se nourrissent en formation serrée, se touchant presque par moments.

▶ Le dauphin à flancs blancs peut atteindre des vitesses de pointe de 25 à 35 km/h.

On observe parfois des groupes mixtes de dauphins à flancs blancs et de globicéphales noirs. Ce sont probablement les animaux exclus des groupes de reproduction qui s'associent momentanément aux troupeaux de globicéphales. On a aussi observé un dauphin à flancs blancs en compagnie de deux épaulards. Parfois, lorsqu'un rorqual commun se déplace à une certaine allure, le dauphin l'accompagne et se laisse entraîner par sa vague de proue.

On ne connaît pas le répertoire sonore du dauphin à flancs blancs mais il est probable que, à l'instar d'autres odontocètes, celui-ci émette des cliquetis d'écholocation et des sons de plus basse fréquence.

Reproduction et soins des jeunes

L'accouplement a lieu en juillet et août. Les femelles mettent bas entre mai et août, la plupart en juin et juillet. Elles ont probablement un petit tous les 2 ou 3 ans. La gestation dure environ 11 mois et l'allaitement jusqu'à 18 mois. La femelle atteint la maturité sexuelle quand elle mesure environ 2,1 m, soit à 6 ou 8 ans, et le mâle, à environ 2,3 m, soit à 8-9 ans ou plus. Il est probable que les jeunes dauphins quittent les groupes de reproduction après leur sevrage ou en soient expulsés, et qu'ils ne les réintègrent que lorsqu'ils ont atteint la maturité.

Prédateurs et facteurs de mortalité

On peut probablement compter l'épaulard et les requins parmi les prédateurs du dauphin à flancs blancs. Certaines années, on a recensé jusqu'à 200 dauphins morts noyés, emmêlés dans des filets de pêche. Autrefois, quelques dauphins à flancs blancs étaient pris occasionnel-lement à Terre-Neuve durant les chasses aux globicéphales mais l'espèce n'est maintenant plus chassée au Canada. Signalons toutefois que des individus sont parfois pris au Groenland, et c'est par centaines qu'ils sont capturés lors des chasses aux globicéphales dans les îles Féroé.

Longévité

Certains dauphins à flancs blancs peuvent vivre jusqu'à 27 ans, mais la plupart n'atteignent vraisemblablement pas 20 ans.

Comme les globicéphales noirs, il arrive que des dauphins à flancs blancs s'échouent accidentellement sur une plage. La plupart de ceux qui s'échouent en groupes sont des femelles accompagnées de leurs petits et de quelques mâles, alors que la majorité de ceux qui s'échouent seuls sont des jeunes immatures. Ces incidents sont encore bien mal compris. Les échouages se produisent souvent sur des rivages à faible inclinaison où les dauphins se laissent vraisemblablement surprendre par la marée. Sur un fond trop uniforme, leur système d'écholocation est peut-être inefficace. Il est possible aussi, dans certains cas, que le groupe entier s'échoue avec un animal malade et désorienté parce qu'il répugne à l'abandonner à son sort.

Statut des populations

Cette espèce est très commune dans nos régions. On en estime le nombre à plus de 12 000 individus dans le golfe du Saint-Laurent et à plus de 50 000 au large des côtes atlantiques de la Nouvelle-Écosse. On ne dispose d'aucune estimation de la population qui fréquente les côtes de Terre-Neuve et la mer du Labrador, où l'espèce est commune. Selon l'évaluation la plus récente, les populations de dauphins à flancs blancs de l'Atlantique sont en bon état dans les eaux canadiennes et l'espèce ne figure pas sur la liste des espèces en péril (évaluation du COSEPAC, 1991). Une étude américaine récente révèle que, certaines années, entre 100 et 200 dauphins à flancs blancs s'emmêlent dans les engins de pêche ; les auteurs font état de nombreux échouages, tout en considérant ces pertes comme soutenables compte tenu de l'abondance de l'espèce.

Anecdote

(source: GREMM – www.baleinesendirect.net)

*L*es dauphins à flancs blancs fréquentent principalement le golfe du Saint-Laurent, mais il leur arrive
à l'occasion de venir dans l'estuaire. Ces dauphins se
tiennent parfois en groupes de centaines d'individus.
Le plus grand groupe observé dans l'estuaire comptait
entre 400 et 600 individus. Lors de la visite de ce groupe enjoué, un
des membres du GREMM se trouvait sur le rivage des Bergeronnes. Il
raconte que les dauphins sautaient hors de l'eau à qui mieux mieux, à
tel point que l'eau semblait bouillonner au loin. Après les avoir observés
un temps aux jumelles, il a décidé de se rendre à Tadoussac en voiture
pour les suivre. En effet, les dauphins se déplaçaient rapidement, à 30
ou 40 km/h, vers l'amont. Posté sur les dunes de Tadoussac, promon-
toire de choix, il a pu les voir arriver des Bergeronnes, se déplacer vers
le haut-fond Prince, puis tourner et reprendre la route vers le large.
Terminé. Une courte incursion dans l'estuaire. C'est tout. Pourquoi cela?
Quelle était la raison de cet aller-retour express? L'observateur est resté
interloqué.

▲ Il n'est pas rare de voir ces dauphins bondir complètement hors de l'eau.

◄ Le dauphin à flancs blancs trouve généralement ses proies à moins
de 100 m de profondeur.

◄ p. 156-157 : Une bande de dauphins bondissant hors de l'eau à l'unisson.

Dauphin à nez blanc

Lagenorhynchus albirostris

Lagénorhynque à bec blanc, dauphin à bec blanc, sauteur, cochon de mer

White-beaked Dolphin

Où peut-on l'observer ?

Le dauphin à nez blanc fréquente l'Atlantique Nord depuis le cap Cod jusqu'à la mer du Labrador et au détroit de Davis, et du sud du Groenland jusqu'aux eaux britanniques et scandinaves. Il fréquente aussi le golfe du Saint-Laurent.

Le meilleur endroit au Québec où l'on peut en faire l'observation est la Basse Côte-Nord entre La Tabatière et le détroit de Belle Isle. L'espèce est plus rare ailleurs dans le golfe et n'est pratiquement jamais vue dans l'estuaire. À Terre-Neuve, on l'observe près des côtes en été, en particulier autour de la péninsule d'Avalon. On peut voir occasionnellement le dauphin à nez blanc à l'embouchure de la baie de Fundy en été.

Caractères distinctifs

Ce dauphin a le bec blanc ou gris et les nageoires noires tirant sur le bleu. Malgré le nom de l'espèce, la forme au nez blanc prédomine surtout dans les eaux européennes, tandis que dans l'Atlantique Nord-Ouest, ce dauphin a le nez plutôt gris. Son dos noir est marqué d'une selle grise derrière la nageoire dorsale. Il a les flancs noirs marqués de bandes grisâtres de part et d'autre de la nageoire dorsale, qui est haute, pointue et arquée vers l'arrière. Il possède un bec court garni de 88 à 112 dents. Il nage en groupe, bondissant parfois hors de l'eau.

Nage et plongée

Le dauphin à nez blanc peut atteindre une vitesse de 35 à 45 km/h. C'est un animal énergique qui jaillit parfois hors de l'eau quand il se déplace. Il lui arrive d'exécuter des pirouettes dans les airs et de se laisser retomber à plat avec force éclaboussements, mais moins fréquemment que son cousin, le dauphin à flancs blancs. Il s'approche parfois des bateaux pour nager dans leur vague de proue.

On ne connaît ni la durée ni la profondeur de ses plongées mais on sait que ses proies se trouvent généralement à moins de 100 m de la surface.

◄ Cette espèce exécute parfois des pirouettes.

Dimensions

Longueur totale moyenne des adultes : 2,75 m (max. 3,2 m) ; nouveau-nés : environ 1,2 m.

Les adultes pèsent entre 135 et 275 kg et les nouveau-nés, environ 40 kg.

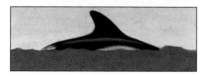

Souffle

Habituellement peu visible.

Espèces semblables

On peut le confondre avec le dauphin à flancs blancs et le dauphin commun (*Delphinus delphis*) qui, pour leur part, ont le dos entièrement noir et les flancs marqués de bandes d'un blanc plus net.

Répartition géographique

Ce dauphin fréquente les eaux arctiques, subarctiques et tempérées. Il préfère les eaux profondes et froides des hautes latitudes, mais on le voit près des côtes des Maritimes au printemps et à l'automne.

On l'a également observé dans le golfe du Saint-Laurent à la fin de l'été et à l'automne, en particulier dans le détroit de Belle Isle. Le long des côtes du Labrador et dans le détroit de Davis, il est visible surtout durant l'été. Ces observations laissent supposer qu'il migre vers le nord au printemps et vers le sud à l'automne.

Alimentation

Le dauphin à nez blanc se nourrit de calmar, de poulpe, de morue, de hareng et de capelan. Il prend aussi des mollusques et des crustacés de fond. Comme le dauphin à flancs blancs, il s'associe aux rorquals pour capturer sa nourriture. On l'a vu en compagnie du rorqual commun et du rorqual à bosse.

Comportement social et vocalisations

Les dauphins à nez blanc forment parfois des troupeaux qui peuvent atteindre quelques centaines d'individus. Cependant, on les observe plus fréquemment en petits groupes de quelques dizaines d'animaux.

On ne connaît pas le répertoire sonore du dauphin à nez blanc mais il est probable qu'à l'exemple d'autres odontocètes, il émette des cliquetis d'écholocation et des sons de plus basse fréquence.

Reproduction et soins des jeunes

On sait bien peu de chose sur la reproduction de cette espèce. L'accouplement a lieu à l'automne et les naissances se produisent vraisemblablement durant l'été après environ 10 mois de gestation.

Prédateurs et facteurs de mortalité

Les requins et l'épaulard s'attaquent probablement au dauphin à nez blanc. Des résidents du nord du Labrador en tuent quelques centaines chaque année à des fins de subsistance. Ces dauphins se prennent à l'occasion dans des trappes à morue ou d'autres engins de pêche.

Statut des populations

Leur nombre est estimé à 9000 à l'est de Terre-Neuve et dans la mer du Labrador, et à environ 2600 dans le golfe du Saint-

Longévité

On ne connaît pas la longévité de l'espèce.

Laurent. On ne connaît pas les effectifs au large de la Nouvelle-Écosse. L'évaluation la plus récente ne fait état d'aucun problème pour les populations de cet animal qui n'apparaît pas sur la liste des espèces en péril au Canada (évaluation du COSEPAC, 1998).

Anecdote

(*source : GREMM – www.baleinesendirect.net*)

*L*a visite de cette espèce de dauphin dans l'estuaire est très rare. La dernière observation par notre équipe de recherche date du 14 août 2000. Le bateau filait quand, du coin de l'œil, deux des membres de l'équipage ont vu un dos portant une grande nageoire dorsale courbée. Ils ont d'abord cru qu'il s'agissait d'un petit rorqual, une observation de tous les jours. Puis ils se sont regardés, un doute dans le regard. Ils ont fait virer le bateau et ont rejoint les trois magnifiques dauphins. Ils les ont photographiés, corps souples avec leur bande blanche diffuse sur le flanc. Cela se passait du côté de l'île aux Basques. La semaine suivante, entre Tadoussac et Les Bergeronnes, plusieurs observateurs ont eu la chance de voir une bande de huit dauphins à nez blanc.

Globicéphale noir

Famille
des
delphinidés

Globicephala melas (G. melaena)

Globicéphale noir de l'Atlantique, dauphin pilote,
globicéphale à longues nageoires

Long-finned Pilot Whale
Pothead, Blackfish

Où peut-on l'observer?

On rencontre le globicéphale noir dans l'Atlantique Nord-Ouest, depuis le Labrador et le sud du Groenland jusqu'en Caroline du Nord, y compris dans le golfe du Saint-Laurent. Dans l'Atlantique Nord-Est, on le trouve depuis la mer de Barents jusqu'au nord-ouest de l'Afrique, en mer du Nord, en mer Baltique ainsi que dans la partie ouest de la Méditerranée. On l'observe aussi dans toutes les mers subantarctiques et dans les eaux du Chili et de la Nouvelle-Zélande.

Au Québec, le meilleur endroit pour en faire l'observation est la région de Gaspé et de Percé, d'août à septembre. On l'observe rarement dans l'estuaire du Saint-Laurent. À Terre-Neuve, entre juin et novembre, le globicéphale noir se concentre surtout sur la côte est, de la baie Conception à la baie Notre-Dame. Il est commun de juin à novembre sur la côte atlantique de la Nouvelle-Écosse et en particulier au nord de l'île du Cap-Breton.

Caractères distinctifs

Cette espèce a le corps noir avec, sous la gorge, une tache gris pâle en forme d'ancre, reliée à une bande plus foncée sur le ventre. Elle possède de longues nageoires pectorales pointues (de 1 à 1,5 m de long) et une nageoire dorsale située à l'avant du corps, large à la base et formant un angle aigu avec le dos. Les mâchoires portent 32 à 48 dents. Le melon proéminent des adultes est souvent visible à la surface. Le globicéphale noir nage lentement, en groupe; il fait surface toutes les 1 à 2 minutes pour respirer.

Nage et plongée

Cette espèce nage habituellement à la vitesse de 7 à 10 km/h mais peut atteindre 35 km/h lorsqu'elle est poursuivie par un prédateur. Le globicéphale noir plonge généralement à 30 ou 60 m quand il longe les côtes, mais il est capable de plonger jusqu'à au moins 600 m lorsqu'il

◄ Notez la largeur caractéristique de la nageoire dorsale.

► p. 166: Il peut plonger à plus de 600 m de profondeur.

Dimensions

Longueur totale moyenne, mâle adulte: 5,6 m (max. 6,2 m); femelle adulte: 4,3 m (max. 5,1 m); nouveau-né: environ 1,6 à 1,9 m.

Les mâles adultes pèsent environ 2 200 kg (max. 3 000 kg), les femelles 1 000 kg (max. 1 700 kg) et les nouveau-nés, 80 à 130 kg.

est au large. Généralement, il reste de 5 à 10 minutes sous l'eau, mais les plongées en eau profonde durent au-delà de 15 minutes.

Souffle

Habituellement peu visible à distance.

Espèces semblables

Sa nageoire dorsale large, sa taille et son corps noir le distinguent des dauphins, des épaulards et de la baleine à bec commune.

Répartition géographique

Le globicéphale noir fréquente les eaux subarctiques et tempérées. Durant l'été, il s'approche des côtes et pénètre même dans certaines baies à la recherche de nourriture. En juin, lorsque les eaux de surface se réchauffent sur les hauts-fonds et attirent les calmars, il s'approche des côtes de Terre-Neuve, des Maritimes et, à un

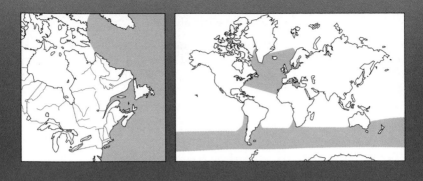

moindre degré, du golfe du Saint-Laurent, et pénètre dans les baies pour se nourrir. Il s'éloigne de nouveau vers le large en novembre et passe l'hiver en eaux profondes, où le calmar abonde.

Alimentation

Le globicéphale noir se nourrit presque exclusivement de calmars. Il consomme aussi à l'occasion de la morue et de la plie. D'autres delphinidés, comme les dauphins à flancs blancs, se joignent parfois aux troupeaux de globicéphales noirs et chassent le calmar avec eux.

Comportement social et vocalisations

Le globicéphale noir est grégaire et forme parfois des bandes regroupant une centaine d'individus ou plus. Selon des études génétiques réalisées sur des globicéphales des îles Féroé, les bandes se composent d'individus apparentés. On a donc supposé que ces groupes, dont les femelles adultes forment apparemment le noyau, sont très stables, leurs membres (les femelles en particulier) ne cherchant pas à s'unir à d'autres groupes mais préférant rester avec leur bande originelle. Ces mêmes études suggèrent que les accouplements se produisent exclusivement entre individus de bandes différentes. Par contre, une étude réalisée récemment au large de l'île du Cap-Breton, en Nouvelle-Écosse, a donné des résultats contradictoires. Les membres de ces bandes-là, dont de nombreux individus étaient reconnaissables par des marques bien distinctes sur leurs corps, ne semblaient pas maintenir de liens stables avec leurs congénères. Les recherches se poursuivent pour déterminer s'il s'agit d'une variante dans la structure sociale des globicéphales de ce côté-ci de l'Atlantique ou simplement d'un problème de méthodologie scientifique dans l'une ou l'autre étude.

Dans les grandes bandes qui s'approchent des côtes en été, on peut distinguer de petits groupes d'une vingtaine d'individus. La plupart de ces groupes réunissent des jeunes et des femelles accompagnées de quelques mâles, tandis que d'autres ne sont composés que d'adultes, principalement des mâles. Ces animaux se déplacent en rangs serrés, gardant constamment le contact entre eux.

Comme les dauphins, le globicéphale noir est assez acrobate. On le voit souvent se déplacer en bondissant hors de l'eau ou se projeter en l'air et retomber à plat. À l'occasion, il se tient la tête en bas et frappe la surface avec sa queue. À d'autres moments, il sort sa tête de l'eau à la verticale, comme pour jeter un coup d'oeil. Ces comportements sont communs à beaucoup de delphinidés. Par conséquent, on peut supposer qu'ils remplissent des fonctions importantes chez ces animaux.

Le globicéphale noir possède un répertoire vocal très varié: sifflements, cris aigus, gazouillements, bourdonnements et ronflements. Ces émissions sonores servent à la communication entre les congénères et à l'écholocation.

Reproduction et soins des jeunes

Les naissances ont lieu toute l'année. La gestation dure environ 12 mois et la femelle allaite pendant 3 ans. Elle donne naissance à un petit environ tous les 5 ans. Le mâle atteint la maturité sexuelle quand il mesure

entre 4,6 et 5,55 m (à l'âge de 12 à 22 ans) et la femelle, entre 3,6 et 3,9 m (6 à 10 ans). Des études génétiques réalisées sur des globicéphales capturés aux îles Féroé ont poussé certains chercheurs européens à proposer que les liens entre les jeunes et leurs mères pourraient se maintenir longtemps durant leur vie adulte. Cependant, des recherches récentes effectuées dans les Maritimes semblent indiquer que les groupes de globicéphales de cette région ne sont pas aussi stables dans leur composition.

Prédateurs et facteurs de mortalité

L'épaulard et les requins sont probablement les prédateurs principaux de l'espèce dans les eaux canadiennes depuis que les humains ne lui font plus la chasse. À l'est de Terre-Neuve, on a pratiqué la chasse au globicéphale noir jusqu'en 1970 ; on prélevait 4 000 spécimens par année en moyenne. Cette chasse commerciale a sensiblement réduit leur nombre. La viande du globicéphale noir servait de nourriture dans des élevages de visons. De nos jours, on en capture environ 150 par année au Groenland. Dans l'Atlantique Nord-Est, on lui fait une chasse traditionnelle aux îles Féroé, où il se prend de 600 à 1 000 individus par année.

Des bandes de globicéphales noirs s'échouent parfois sur la côte. Ces supposés suicides collectifs se produisent souvent sur des rivages à faible inclinaison où les animaux se laissent vraisemblablement surprendre par la marée. Sur un fond trop uniforme, leur système d'écholocation est peut-être inefficace. Il est possible aussi, dans certains cas, que la bande entière s'échoue avec un animal malade ou désorienté parce qu'elle répugne à l'abandonner à son sort. Chez cette espèce très sociable et habituée à la haute mer, ce comportement reviendrait à vouer le groupe entier à la mort. Une fois échoués, les globicéphales souffrent de stress physiologique et tombent rapidement en état de choc, ce qui explique la désorientation et la léthargie qu'on remarque chez eux lorsqu'on tente de leur faire regagner la mer. Parfois, la majorité des animaux échoués sont malades, intoxiqués par une toxine qu'ils auraient pu ingérer avec leur nourriture ou victimes d'une épizootie infectieuse ou parasitaire.

Longévité

La longévité maximale des mâles est de 46 ans et celle des femelles de 59 ans, mais la plupart des globicéphales noirs ne dépassent pas l'âge de 30 ans.

Statut des populations

Compte tenu de son abondance dans les eaux canadiennes, on attribue au globicéphale noir le statut d'espèce non en péril (évaluation du COSEPAC, 1994). On estime présentement leur nombre à 1 600 dans le golfe du Saint-Laurent. Ailleurs, au large des côtes atlantiques canadiennes, on en dénombre quelques dizaines de milliers d'individus tandis que la population totale dans l'Atlantique Nord est estimée à quelques centaines de milliers d'individus.

Anecdote

(source : GREMM – www.baleinesendirect.net)

En 2001, un de nos collaborateurs de Trois-Pistoles nous a fait parvenir des documents d'archives inédits. Sur une vieille photo noir et blanc, des globicéphales échoués sur une plage... Le 31 août 1930, 27 globicéphales noirs de l'Atlantique se sont échoués un peu à l'ouest de Trois-Pistoles, sur la grève Morency. Cet événement n'était pas mentionné dans les écrits officiels sur les cétacés du Saint-Laurent. Même si la nouvelle manque un peu de fraîcheur, elle vaut la peine qu'on s'y attarde, car les mentions de globicéphales dans l'estuaire du Saint-Laurent se comptent sur les doigts de la main. Il s'agit de surcroît de la seule mention d'échouage collectif dans cette région. Cette espèce très grégaire fréquente les eaux du golfe du Saint-Laurent, particulièrement les environs de la péninsule gaspésienne. Des échouages collectifs de globicéphales se sont produits à plusieurs reprises dans l'est du Canada, impliquant parfois plus de 200 animaux. Erreur de navigation, solidarité du groupe envers un animal en détresse, maladie infectieuse ou parasitaire? Les hypothèses sont nombreuses, et il ne semble pas y avoir de cause unique qui expliquerait tous les cas d'échouage. Voici les observations rapportées pour l'estuaire dans les dernières années : une quarantaine d'individus au large des Bergeronnes en 1985, une vingtaine au large de l'île du Bic en 1995, un individu échoué vivant à Rimouski le 16 août 2002. De plus, le 25 juillet 2003, une photographe du GREMM aurait aperçu trois globicéphales noirs entre Les Bergeronnes et Tadoussac.

◄ Ces animaux tissent des liens familiaux durables.

◄ p. 168-169 : Cette espèce grégaire forme parfois des bandes de centaines d'individus.

Épaulard

Famille des delphinidés

Orcinus orca

Orque

Killer Whale
Orca, Sea Wolf

Où peut-on l'observer?

L'épaulard se trouve dans toutes les mers et tous les océans du globe. Il n'est exclu de certaines régions de l'Arctique et de l'Antarctique que par les glaces denses qui y persistent en été.

Les épaulards sont peu nombreux dans l'est du Canada et ne forment apparemment pas d'agrégations prévisibles comme celles de la côte ouest en été. Ils sont nomades et en constant déplacement. Ils sont rarement observés dans l'estuaire du Saint-Laurent. On en voit à l'occasion le long de la Côte-Nord et de la Basse Côte-Nord, soit entre Mingan et le détroit de Belle Isle. Ils semblent fréquenter les eaux de Terre-Neuve à longueur d'année.

Caractères distinctifs

L'épaulard a le dos noir marqué d'une selle grise derrière la nageoire dorsale et d'une tache ovale blanche derrière l'oeil. Il a la gorge, le ventre et le dessous de la queue blancs. Il possède une nageoire dorsale très haute (0,6 à 1,8 m), plus haute chez le mâle que chez la femelle, pointue et légèrement arquée ou verticale. Ses nageoires pectorales sont larges et arrondies. Ses mâchoires sont garnies de 40 à 52 dents larges et arrondies.

Nage et plongée

L'épaulard nage habituellement à une vitesse de 6 à 10 km/h. En chasse, il peut atteindre une vitesse de pointe de 45 km/h. Ce grand dauphin est capable de prouesses étonnantes. Il peut bondir complètement hors de l'eau, se tenir le corps droit, la tête entièrement émergée, frapper la surface de ses nageoires, virevolter et nager à reculons.

En général, l'épaulard exécute une série de 3 à 5 plongées d'une durée de 10 à 35 secondes, suivies d'une plongée plus longue pouvant durer de 4 à 10 minutes.

◄ Un sprinter parmi les cétacés, il peut atteindre 45 km/h.

Dimensions

Longueur totale moyenne, mâle adulte: 8,2 m (max. 9,8 m); femelle adulte: 7 m (max. 8,5 m); nouveau-né: environ 2,1 m.

Les mâles pèsent en moyenne 5 700 kg (max. 7 200 kg) et les femelles 3 500 kg (max. 4 500 kg). Les nouveau-nés pèsent environ 200 kg.

Souffle

Son souffle n'est pas toujours visible à grande distance. Vu de près, il a une forme touffue et s'élève à un ou deux mètres de hauteur, parfois plus, selon la taille de l'animal.

Espèces semblables

On le différencie des dauphins par sa grande taille et sa couleur caractéristique. Sa taille et sa longue nageoire dorsale le distinguent des globicéphales.

Répartition géographique

Cette espèce fréquente aussi bien la haute mer que les eaux côtières. Elle est rarement aperçue sur la côte est. Les quelques observations faites au cours des dernières décennies couvrent la totalité des eaux de l'estuaire et du golfe du Saint-Laurent,

des Maritimes, de Terre-Neuve et du Labrador, autant au large que près des côtes. Ses déplacements suivent apparemment ceux de ses proies. Plus au nord, l'épaulard pénètre dans les eaux de l'Archipel arctique et de la baie d'Hudson durant l'été et chasse les baleines et les phoques, s'éloignant vers le large lorsqu'il est repoussé par les glaces.

Alimentation

L'épaulard a la réputation d'être le «loup des mers». En effet, il s'attaque autant aux oiseaux de mer qu'aux phoques, aux dauphins, aux marsouins, au béluga, au narval, au globicéphale noir, aux baleines à bec, au cachalot macrocéphale, à la baleine noire, à la baleine boréale et aux rorquals. Ces derniers peuvent lui échapper en plongeant profondément. N'empêche que la stratégie d'une meute d'épaulards rend parfois toute fuite impossible, comme l'observation de la capture d'un jeune rorqual bleu l'a déjà montré. Le rorqual était entouré de toutes parts: devant, derrière, sur les côtés et par dessous. Les épaulards cherchaient à l'épuiser en lui arrachant des lambeaux de chair et ralentissaient sa course en lui déchiquetant la queue. Dans l'Arctique, les bélugas, les narvals et les baleines boréales cherchent refuge dans le pack ou dans les ouvertures de la banquise côtière, là où les épaulards n'osent pas s'aventurer. Les phoques leur échappent en sortant sur la glace ou sur terre. Les épaulards tentent parfois de les déloger en brisant ou en remuant la glace. L'épaulard prend aussi des poissons comme la morue, le flétan et le saumon, ainsi que des poulpes et des calmars. Dans le golfe du Maine, il se nourrit également de thon rouge et de hareng.

▲ L'épaulard est le plus grand et le plus gros prédateur marin.

► Un épaulard bondit en exposant ses longues nageoires pectorales.

◄ p. 174-175: Notez la tache blanche antérieure et la selle grise postérieure.

Comportement social et vocalisations

Les épaulards se déplacent seuls ou en meutes de 2 à 25 individus. Il semble y avoir une certaine ségrégation entre les individus d'âge et de sexe différents; en effet, on observe parfois des meutes composées uniquement de mâles ou de femelles et de leurs petits. Mais on observe aussi des meutes mixtes. Selon des études réalisées dans le Pacifique, les meutes d'épaulards paraissent avoir une structure sociale très stable: il semble que les mêmes individus restent ensemble tout au long de leur vie. Cette caractéristique est probablement importante chez cette espèce qui chasse en groupe. Les épaulards manifestent parfois une grande douceur envers leurs congénères. En aquarium, on en a vu se frotter les uns contre les autres, se mordiller les lèvres tendrement et se caresser mutuellement du bout de la langue. Cependant, les marques de dents qu'ils ont souvent sur le corps ne laissent aucun doute sur un autre aspect de leurs mœurs. Les comportements agressifs qui causent ces blessures ont probablement comme fonction de maintenir une certaine hiérarchie au sein de la meute.

Le répertoire sonore de l'épaulard est constitué de sifflements variés, de cris et de grincements ainsi que de cliquetis d'écholocation. L'étude du répertoire vocal d'épaulards de la côte ouest du Canada a montré que les membres d'une même meute partagent un même dialecte et

qu'on peut distinguer les différentes meutes de ces eaux simplement en écoutant les sons qu'elles émettent. On sait que ces meutes sont très stables et chassent collectivement. Puisque les épaulards peuvent ainsi différencier les vocalisations des membres de leur meute de celles des étrangers, il est vraisemblable que leurs dialectes servent à maintenir la cohésion entre membres d'une même meute et à coordonner leurs activités même lorsqu'ils sont hors de vue les uns des autres.

Reproduction et soins des jeunes

Il ne semble pas y avoir de saison d'accouplement bien définie. La femelle met bas après une gestation de 16 ou 17 mois. Elle donne naissance à un petit tous les 3 à 8 ans jusqu'à l'âge de 40 ans. L'allaitement dure un an ou plus. La femelle atteint la maturité sexuelle quand elle mesure environ 4,8 m, entre l'âge de 6 et 10 ans, et le mâle, à 5,8 m, entre 12 et 16 ans. Les liens mère-jeune durent probablement toute la vie.

Longévité

La femelle de l'épaulard peut vivre jusqu'à 80 ou 90 ans et le mâle jusqu'à 50 ou 60 ans, mais la plupart des femelles ne dépassent pas 50 ans et les mâles, 30 ans.

Prédateurs et facteurs de mortalité

Aucun animal n'ose vraisemblablement s'attaquer à une bande d'épaulards. Le long des côtes canadiennes, ceux-ci sont parfois la cible des balles tirées par des chasseurs de phoque ou par des pêcheurs qui n'apprécient pas la concurrence.

Statut des populations

Les épaulards ne sont pas très abondants dans l'Atlantique Nord-Ouest ou dans l'est de l'Arctique, mais ils n'y ont sans doute jamais été nombreux puisqu'ils occupent le sommet de la chaîne alimentaire

dans ces eaux : ce sont des prédateurs de mammifères marins qui sont eux-mêmes des prédateurs. La quête de leurs proies mammaliennes les force à se disperser. Les épaulards de l'Atlantique Nord-Ouest ne sont pas concentrés comme ils le sont sur la côte ouest du Canada, où la plupart des bandes chassent le saumon plutôt que les mammifères marins. L'évaluation la plus récente de l'espèce n'a pu attribuer de statut à la population d'épaulards de l'Atlantique Nord-Ouest, faute de données suffisantes (évaluation du COSEPAC, 2001).

Anecdote

(source : GREMM – www.baleinesendirect.net)

Le 11 octobre 2003, nous avons reçu dans l'estuaire la visite exceptionnelle de deux épaulards. Les observateurs n'en croyaient pas leurs yeux ! L'espèce figure sur la liste des 13 cétacés fréquentant le Saint-Laurent, mais il est extrêmement rare. Dans le golfe, il y a quelques mentions d'épaulards dans le détroit de Belle Isle. Un groupe de trois à quatre individus a été observé régulièrement dans le détroit de Jacques-Cartier au cours des années 1980 et 1990. Lors de la dernière observation, en 1999, on a vu le mâle adulte de ce groupe, surnommé Jack Knife, seul, en Gaspésie, puis près d'Anticosti et de Mingan. Mais dans l'estuaire, la dernière observation d'épaulard documentée remontait au 15 août 1982. Vingt et un ans plus tard, l'équipe du GREMM, avertie rapidement par l'équipage de bateaux d'observation, a pu photographier et filmer les deux visiteurs. De précieuses archives !

▲ Les liens maternels durent probablement toute la vie.

◀ La nageoire dorsale du mâle est plus haute que celle de la femelle.

Béluga

Famille
des
monodontidés

Delphinapterus leucas

Bélouga, marsouin blanc, dauphin blanc,
baleine blanche

Beluga
White Whale

Où peut-on l'observer?

Les bélugas fréquentent à peu près toutes les eaux arctiques et subarctiques, jusqu'au 80ᵉ parallèle nord environ. De petites populations occupent aussi la mer d'Okhotsk, le passage Cooke en Alaska et l'estuaire du Saint-Laurent.

Le béluga peut être observé régulièrement dans l'estuaire du Saint-Laurent et presque à longueur d'année, bien qu'en hiver son aire de répartition se déplace légèrement plus à l'est vers le golfe. Le meilleur endroit pour le voir au Québec est sans doute la région comprise entre Rivière-du-Loup et Tadoussac. Il est plus rare ailleurs dans le golfe et dans les Maritimes, où on a observé quelques individus ici et là près des côtes de Terre-Neuve et de la Nouvelle-Écosse. Dans le Nord québécois et l'est de l'Arctique, les bélugas peuvent être vus en grand nombre dans certains estuaires en été. Le plus accessible est l'estuaire du fleuve Churchill qui donne sur la baie d'Hudson au nord du Manitoba. Plus à l'est, l'estuaire du fleuve Nelson, difficile d'accès, accueille la plus grosse population au monde, soit plusieurs dizaines de milliers d'individus. On les voit aussi dans les estuaires de la Grande Rivière et de la Nastapoka, au Nunavik, dans le fjord Clearwater près de Pangnirtung, dans l'île de Baffin, et dans plusieurs baies de l'île Somerset dans l'Extrême-Arctique.

Caractères distinctifs

Le corps est uniformément blanc chez l'adulte (qu'on appelle un «blanc») sauf le rebord des nageoires et de la crête dorsale qui peuvent avoir une légère pigmentation grise. Dans l'Arctique, au printemps et au début de l'été, la peau des adultes peut paraître jaunâtre à cause du vieillissement des couches supérieures de l'épiderme durant l'hiver. Après la mue qui se produit durant l'été, ils redeviennent blancs. On n'observe pas ce changement de coloration due à la mue dans le Saint-Laurent. Le

◀ Le béluga a le cou mobile et un melon proéminent.

▶ p. 183 : Ces bélugas s'ébattent dans un mètre d'eau à l'entrée d'une petite rivière.

Dimensions

Longueur totale moyenne, mâle adulte : 3,65 à 4,25 m (max. 5,13 m); femelle adulte : 3,05 à 3,65 (max. 4,1 m); nouveau-né : environ 1,5 m.

Les mâles adultes pèsent entre 450 et 1 000 kg (max. 1 400 kg); les femelles, entre 250 et 700 kg (max. 900 kg); les nouveau-nés, entre 35 et 85 kg.

nouveau-né peut être de couleur rose pâle ou brun foncé. En vieillissant, la couleur passe du gris bleu chez le jeune de 1 ou 2 ans (surnommé «bleuvet») au gris pâle ou blanchâtre chez le juvénile de 3 ou 4 ans (autrefois surnommé «blanchon» ou «blofard» par les riverains du fleuve; à ne pas confondre avec le petit du phoque du Groenland qu'on surnomme de la même façon dans la région du golfe). Le béluga a un melon proéminent, une légère constriction au niveau du cou et le corps robuste. Son évent unique est légèrement déplacé vers la gauche. Les nageoires pectorales sont courtes, fortement recourbées chez les vieux mâles et leur extrémité est foncée chez les adultes. Le béluga n'a aucune nageoire dorsale et ses mâchoires comportent 32 à 42 dents pointues.

Nage et plongée

Le béluga nage lentement, profitant souvent des courants et de la marée pour se déplacer. Il peut atteindre une vitesse de pointe de 15 à 20 km/h mais nage plus souvent à des vitesses de 2 à 4 km/h. Il fait surface 2 ou 3 fois par minute pour respirer, peut demeurer de 15 à 25 minutes en plongée et parcourir sous l'eau une distance de 2 ou 3 km. La plongée la plus profonde mesurée jusqu'à maintenant a été de 1 100 m.

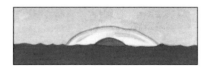

Souffle

Le souffle du béluga n'est habituellement pas visible à distance mais, en fin de journée et à contre-jour, on peut l'apercevoir de loin.

Espèces semblables

Contrairement au narval, le béluga n'a ni taches sur le corps ni défense. Les petits des deux espèces sont difficiles à distinguer à distance, mais comme ils s'éloignent rarement des adultes, leur identification ne fait aucun doute. L'absence de nageoire dorsale et sa couleur caractéristique le distinguent des autres cétacés.

Répartition géographique

Le béluga est une espèce bien adaptée aux conditions rigoureuses de l'Arctique. Sa distribution semble limitée principalement par la densité du pack. Il passe l'hiver dans des eaux où les glaces en mouvement ne forment pas de pack dense. Avec le dégel, au printemps, il pénètre dans la baie d'Hudson, et les eaux de l'Archipel arctique.

Durant cette période, les bélugas se nourrissent sur le rebord ou dans des fissures de la banquise fixe où ils trouvent une nourriture abondante. Certaines populations de bélugas (Saint-Laurent, baie de Cumberland) se déplacent peu d'une saison à l'autre puisque leur aire d'été se trouve à une centaine de kilomètres ou moins de leur aire d'hivernage.

Durant l'été, les bélugas forment de spectaculaires rassemblements à l'embouchure de certains fleuves et de certaines rivières. On peut compter de plusieurs centaines à plusieurs milliers de têtes dans ces estuaires, mais on ignore toujours exactement ce qui y attire les

bélugas. On a mesuré, chez les bélugas de la baie d'Hudson, un taux élevé d'hormones de croissance durant le séjour qu'ils font dans ces estuaires. Il est donc probable que les eaux saumâtres et chaudes favorisent la mue de leur peau épaisse. Les femelles et leurs petits occupent souvent le haut de l'estuaire en plus forte proportion que les autres bélugas, ce qui a poussé certains chercheurs à supposer que les eaux chaudes favorisent le développement des nouveau-nés. Pourtant, on voit souvent en été des femelles en mer avec leurs petits, loin de tout estuaire. Il est possible aussi que, dépourvus de la protection des glaces, les bélugas recherchent les estuaires relativement peu profonds qui leur serviraient de refuges contre les épaulards qui préfèrent les eaux plus profondes. Les ours blancs, eux,

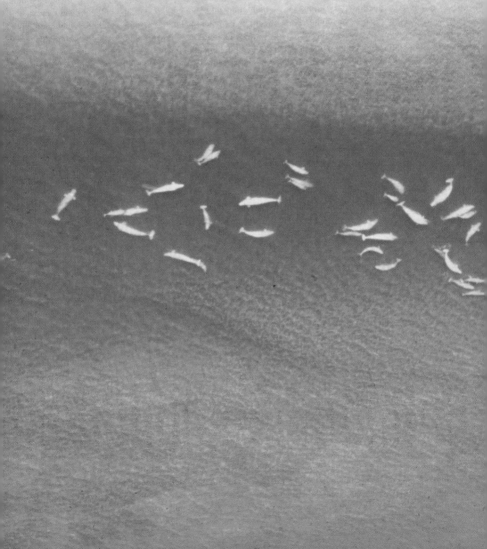

sont peu habiles à capturer les bélugas à la nage. Il arrive cependant qu'un béluga se fasse prendre par le retrait de la marée dans un estuaire et devienne alors la proie d'un ours.

Le béluga fréquente souvent les eaux peu profondes des côtes et des estuaires. Aussi l'a-t-on inscrit au nombre des espèces qui affectionnent ces habitats. Depuis le début des années 1990, des suivis télémétriques dans l'Arctique ont montré toutefois que la répartition des bélugas ne se limite pas aux zones côtières. Durant l'été, en automne ou en hiver, des individus de l'Extrême-Arctique et de la mer de Beaufort ont été suivis durant leurs déplacements dans des zones pouvant atteindre plusieurs centaines ou même quelques milliers de mètres de fond. Ces individus pouvaient effectuer des plongées très

profondes et utilisaient même fréquemment le fond marin à des profondeurs allant jusqu'à 800 m. On a même enregistré une plongée à plus de 1 100 m de la surface. Ces données révèlent l'aptitude du béluga à exploiter différents milieux selon les circonstances.

À la fin de l'été ou à l'automne, les bélugas quittent les estuaires et migrent vers des endroits où ils se nourrissent activement pendant quelques semaines avant de continuer vers leurs aires d'hivernage dans des eaux qui ne gèlent pas entièrement en hiver. Ceux de la baie d'Hudson retournent au détroit d'Hudson ou dans la mer du Labrador tandis que ceux de l'Archipel arctique passent l'hiver soit dans le nord de la baie de Baffin, soit dans le détroit de Davis. Certaines populations demeurent non loin de leur aire d'été, profitant de grandes ouvertures dans le pack (polynies). Bien que l'étendue de leur répartition varie selon les saisons, les bélugas du Saint-Laurent et de la baie de Cumberland sont relativement plus sédentaires que ceux du Nord, sans doute en raison du faible couvert de glace durant l'hiver. On trouve donc des bélugas dans l'estuaire en hiver, mais leur distribution en cette saison s'étend plus à l'est jusqu'au golfe du Saint-Laurent. Ceux de la baie de Cumberland, qui passent l'été en amont, occupent plutôt la portion aval en hiver, là où le pack est moins dense.

Alimentation

Le régime du béluga est varié. Dans l'Arctique, la morue arctique (saïda) et le flétan du Groenland constituent ses proies les plus importantes, tandis que dans l'estuaire du Saint-Laurent et la baie d'Hudson, ce sont le lançon et le capelan. Il capture aussi l'omble chevalier, le saumon, le hareng ainsi que plusieurs espèces de crevettes, de vers marins et de calmars.

Comportement social et vocalisations

De nature grégaire, les bélugas se tiennent souvent en groupes de 5 ou 6. On trouve des groupes mixtes composés de «blancs» mâles et femelles, de petits et de quelques «bleuvets» ou «blanchons». Certains «blancs», vraisemblablement des mâles, forment des bandes de quelques dizaines d'individus. Des troupeaux de plusieurs centaines à plusieurs milliers de bélugas en migration peuvent être observés à l'automne dans l'Arctique.

À l'occasion, le béluga devient particulièrement agité, surtout lorsqu'il se nourrit sur un banc de poissons, frappant la surface de l'eau avec sa queue et manœuvrant dans tous les sens. Il lui arrive ainsi de jaillir partiellement hors de l'eau au cours de ses ébats. Les bélugas chassent en groupes se déplaçant ensemble pour rabattre le poisson en banc serré et le capturer. Les jeunes s'agitent aussi en surface lors de jeux avec des compagnons du même âge et sautent à l'occasion autour des adultes plus placides. On observe parfois plusieurs bélugas adultes se faire face, immobiles, apparemment occupés à un sérieux conciliabule.

Le béluga est très bavard. Il émet une telle variété de chants, sifflements, cliquetis, claquements, grincements et grognements qu'on se croirait dans la jungle en les écoutant. Certains sons rappelant un chant d'oiseau lui ont valu le surnom de «canari de la mer».

Reproduction et soins des jeunes

L'accouplement a lieu aux environs d'avril et de mai. La femelle met bas entre la fin de juin et le début d'août, après une gestation de 14 à 15 mois. L'allaitement dure environ un an et demi. La plupart des femelles n'auraient qu'un petit tous les 3 ans. Le mâle atteint la maturité sexuelle quand il mesure de 3,6 à 4,2 m, soit à l'âge de 8 ou 9 ans, et la femelle, de 2,7 à 3,2 m, soit entre 4 et 7 ans. Il est probable que les liens mère-jeune persistent jusqu'à la puberté ou même au-delà pour les rejetons femelles.

◄ Le jeune béluga âgé d'un an ou deux est surnommé «bleuvet» à cause de sa couleur gris bleu.

◄ p. 184-185 : En été, les bélugas forment de grands rassemblements dans les estuaires de l'Arctique.

► p. 188-189 : La banquise emprisonne parfois un groupe de bélugas.

Prédateurs et facteurs de mortalité

À part l'homme, l'épaulard et l'ours blanc sont les principaux prédateurs du béluga. Le morse peut aussi s'en nourrir à l'occasion. Le béluga est chassé par les Inuits pour son épiderme (maktak), qu'ils considèrent un délice et qu'ils dégustent cru ou cuit. Ils mangent parfois des morceaux choisis de sa viande noire, mais en général celle-ci sert à nourrir leurs chiens. Il se tue environ 1 000 bélugas par année dans l'Arctique canadien et quelques centaines de plus à l'est du Groenland au cours des chasses de subsistance des Inuits. Certaines populations de bélugas ont subi un déclin considérable aux 19e et 20e siècles; elles étaient chassées commercialement pour le cuir et l'huile qu'on en tirait. C'est le cas des populations du Saint-Laurent, de la baie d'Ungava, de l'est de la baie d'Hudson et de la baie de Cumberland. Certaines de ces populations ont presque disparu (baie d'Ungava) ou sont toujours considérées comme en péril parce que la chasse de subsistance pratiquée par les Inuits est un facteur continu de déclin (est de la baie d'Hudson). À la suite de mesures d'interdiction ou de contrôle de la chasse, d'autres populations semblent se stabiliser

(Saint-Laurent) ou paraissent même augmenter (baie de Cumberland). On s'inquiète toujours des effets des polluants et du trafic maritime sur la santé de la population du Saint-Laurent. On trouve régulièrement des bélugas morts présentant des symptômes d'émaciation ou de maladies internes ou portant les cicatrices de blessures causées vraisemblablement par une collision avec un bateau.

Parfois un vent puissant entraîne le pack contre le rivage ou la banquise et emprisonne un groupe de bélugas. Si ce phénomène se produit en début d'hiver dans l'Extrême-Arctique, ces glaces peuvent se consolider en une banquise dense qui ne se brisera qu'au printemps suivant. Dans ces circonstances, les bélugas emprisonnés peuvent maintenir un ou plusieurs trous de respiration en cassant la glace avec leur dos mais ils sont susceptibles de se faire attaquer par des ours blancs.

Longévité

La longévité maximale du béluga est d'environ 35 à 40 ans, mais la plupart des individus ne dépassent pas l'âge de 15 à 20 ans.

Ainsi limités dans leurs mouvements, ils peuvent difficilement chasser et s'épuisent progressivement. Plus souvent qu'autrement, bon nombre d'entre eux dépérissent et meurent, ou se font tuer avant la fin de l'hiver. Un emprisonnement par la glace qui se produit à la fin de l'hiver risque moins de causer la mort de bélugas, car il est plus souvent de courte durée. Dans les estuaires ou les lagunes, les bélugas se font parfois prendre par la marée baissante et doivent attendre la marée montante pour reprendre l'eau. Durant ces heures d'attente, immobilisés sur le fond, ils sont vulnérables aux attaques des goélands ou, pis encore, d'un ours blanc de passage.

Statut des populations

La dernière entreprise de chasse commerciale du béluga, établie à Churchill au Manitoba, a fermé ses portes en 1970. Dans l'estuaire du Saint-Laurent, la chasse au béluga est interdite depuis 1972. On estime à 145 000 le nombre de bélugas dans les eaux canadiennes. Les populations de l'ouest de la baie d'Hudson, de la baie de Baffin et de la mer de Beaufort constituent l'essentiel de ce nombre, qui est supérieur à celui des bélugas qu'on peut trouver ailleurs dans le monde. Cependant, plusieurs populations canadiennes, soit celles de l'estuaire du Saint-Laurent (évaluation du COSEPAC, 1997), de la baie d'Ungava (évaluation du COSEPAC, 1988) et de la baie de Cumberland (évaluation du COSEPAC, 1990), ont grandement souffert de la chasse commerciale aux 19e et 20e siècles et figurent actuellement sur la liste des espèces en voie de disparition. Sauf pour la population de la baie d'Ungava, il y des raisons de croire que toutes ces populations se soient stabilisées et même, au moins dans le cas de la population de la baie de Cumberland, qu'elles augmentent.

On a mesuré des taux élevés de polluants industriels dans les tissus de bélugas du Saint-Laurent. Ces produits seraient transmis par la chaîne alimentaire et finiraient par se concentrer dans leur organisme. Toutefois, selon certains chercheurs, la pollution industrielle a freiné la croissance de la population du Saint-Laurent et elle compromettrait leur reproduction ou leur survie.

La population de l'est de la baie d'Hudson compte officiellement parmi les espèces menacées (évaluation du COSEPAC, 1988), et on estime qu'elle est en déclin. Le statut de la population de la baie de Baffin est préoccupant à cause d'une baisse des effectifs près des côtes du Groenland, où les habitants lui font une chasse jugée excessive en automne et en hiver (évaluation du COSEPAC, 1992). De nos jours, le béluga est aussi chassé par les Inuits du Canada et de l'Alaska, et les produits de cette chasse sont presque tous consommés localement, bien qu'il y ait des échanges commerciaux à l'échelle régionale.

Anecdote

(source : GREMM – www.baleinesendirect.net)

A l'été 2003, nous avons réalisé des suivis télémétriques sur les bélugas en leur posant des balises sur le dos. Ces balises enregistrent la position, la profondeur et la vitesse de nage. Cela nous a permis de «suivre» en quelque sorte ces animaux quand ils disparaissaient sous la surface. Cela a donné lieu à des découvertes particulièrement fascinantes. Par exemple, on sait que les bélugas se nourrissent entre autres de mollusques et de vers qui vivent dans les sédiments au fond de l'eau. D'ailleurs, on les voit parfois remonter à la surface la tête maculée de boue. Eh bien, lors d'un des suivis, le béluga a plongé à 145 mètres de profondeur, à un endroit où le fond était lui-même de 145 mètres. L'animal est resté là sans se déplacer pendant plusieurs minutes. Nous en avons déduit qu'il était en train de farfouiller dans la vase pour un repas. C'était la première fois que nous étions véritablement témoins de cette activité du béluga.

Note des auteurs :
Des suivis télémétriques effectués depuis le début des années 1990 dans l'Arctique canadien ont démontré que les bélugas peuvent atteindre régulièrement des fonds marins allant jusqu'à 800 mètres de profondeur.

◄ L'évent est simple, comme chez toutes les baleines à dents.

Narval

Famille
des
monodontidés

Monodon monoceros

Licorne de mer

Narwhal
Unicorn Whale

Où peut-on l'observer?

On rencontre cette espèce dans toutes les eaux arctiques, mais elle est surtout abondante dans les eaux du Nunavut et de l'ouest du Groenland, où on la trouve depuis le nord de la baie d'Hudson jusqu'à l'océan Arctique. Le narval est rare dans les mers de Beaufort, de Béring, des Tchouktches et de la Sibérie orientale.

Les narvals sont rarement aperçus à partir des côtes du Québec. Ils occupent les eaux du détroit d'Hudson en hiver. En cette période de l'année, on en trouve surtout à l'extrémité est de ce détroit. Les meilleurs endroits pour les voir sont dans l'est de l'Arctique au printemps, sur le bord de la banquise, et, en été, dans l'eau libre aux alentours des communautés de Repulse Bay, Arctic Bay et Pond Inlet, au Nunavut.

Caractères distinctifs

Le narval adulte a le dos noir marqué de taches grises ainsi que le ventre et les flancs blancs tachetés de gris. Les jeunes sont entièrement noirs à la naissance mais deviennent gris noir ou brun marbré de gris; avec l'âge, le blanc s'étend du ventre vers les flancs. L'espèce n'a pas de nageoire dorsale et possède un melon proéminent. Elle n'a pas de dents à l'exception, chez les mâles, d'une défense spiralée pouvant atteindre 3 m de long du côté gauche de la mâchoire supérieure ou, plus rarement, des deux côtés. Il est inhabituel d'observer des femelles portant une défense. Le cas échéant, les défenses sont plus courtes, plus fines et plus denses que celles des mâles.

Nage et plongée

Cette espèce préfère les eaux profondes et peut descendre à plus de 1 500 m. Le narval montre la queue lorsqu'il plonge aussi profondément («plongeon de sortie»). Il nage normalement à une vitesse qui varie entre 2 et 8 km/h et peut atteindre une vitesse de pointe de 20 km/h. Il se déplace sous la glace, passant d'une ouverture à l'autre pour respirer mais, comme le béluga, il lui arrive, lorsque le vent

◄ Les mâles ont une défense d'ivoire pouvant mesurer 3 m de long.

Dimensions

Longueur totale moyenne, mâle adulte: 4,7 m (max. 6,2 m); femelle adulte: 4 m (max. 5,1 m); nouveau-né: environ 1,6 m.

Le poids des mâles atteint en moyenne 1 600 kg et celui des femelles, 900 kg. Les nouveau-nés pèsent environ 80 kg.

pousse le pack contre la côte, de se laisser emprisonner par les glaces. En hiver, le froid intense renouvelle constamment la couche de glace dans les ouvertures du pack. Le narval brise cette mince couche gelée avec son dos pour pouvoir respirer à la surface.

Souffle

Le souffle du narval, touffu et indistinct, n'est habituellement pas visible à distance mais, en fin de journée, on peut l'apercevoir de loin à contre-jour.

Espèces semblables

On distingue le narval des autres cétacés, excepté le béluga, par sa taille moyenne et l'absence de nageoire dorsale. Il se différencie du béluga par les taches et les bandes foncées de son corps et, chez le mâle, par la défense. Les narvals adultes nagent parfois sur le dos et, lorsqu'ils sont à proximité de la surface, montrent leur ventre blanc. Vus des airs, ils peuvent être pris pour des bélugas mais leurs nageoires noires, leur aspect fusiforme et leur queue convexe bordée de noir les distinguent de ces derniers.

Répartition géographique

La formation de la banquise côtière force le narval à passer l'hiver à l'intérieur du pack de la mer de Baffin et des détroits de Davis et d'Hudson. Durant cette période, il passe une partie de son temps en plongée profonde. À la suite de la débâcle de la banquise côtière au printemps, il retourne vers les détroits et les fjords de l'Archipel arctique et du nord de la baie d'Hudson où il passe l'été. L'espèce préfère les eaux profondes mais s'approche parfois du rivage ou pénètre dans des baies de plus faible profondeur pour profiter des proies qui les occupent ou fuir la présence d'épaulards.

Alimentation

En eau profonde, le narval capture principalement des flétans du Groenland, des calmars et des poulpes. Près des côtes, il se nourrit de morues arctiques (saïdas) et de crevettes.

► Les narvals sont grégaires.

► p. 196-197 : En été, les mâles ne se battent pas avec leurs défenses...
En médaillon : ... mais une défense brisée témoigne d'affrontements plus violents en hiver.

Comportement social et vocalisations

Les narvals sont grégaires. Ils forment des bandes généralement composées de 3 à 8 membres, mais regroupant parfois jusqu'à 20 individus. Les bandes réunissent soit des femelles accompagnées de leurs jeunes, soit uniquement des mâles, bien qu'à l'occasion on voie aussi des groupes d'adultes des deux sexes. Durant les migrations, elles se joignent en troupeaux plus ou moins organisés de plusieurs centaines d'individus.

L'été dans les fjords de l'Arctique, si on est chanceux et silencieux, on peut parfois observer des narvals former un cercle et se faire face comme une bande de collégiens en conciliabule. On voit aussi parfois les mâles adultes pointer leurs défenses vers le ciel et les entrecroiser

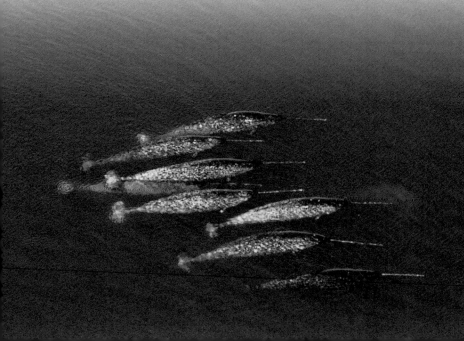

comme s'ils les comparaient les unes aux autres et se préparaient à une joute d'escrime. On n'observe pas de véritables combats entre mâles durant l'été, mais il est probable qu'ils s'en produise en hiver durant la saison des amours. La défense peut être utilisée contre d'autres espèces. On a trouvé un bout de défense cassée à l'intérieur du melon d'un béluga. De plus, l'un des auteurs a déjà observé un face-à-face entre un narval et un béluga mais, étant à bord d'un avion, il n'a pu en voir la conclusion.

À l'aide d'un hydrophone, on peut entendre le narval émettre des cliquetis, des cognements et des sons de trompette graves. Contrairement au béluga, son proche parent, il ne produit presque pas de sifflements ou de grincements.

Reproduction et soins des jeunes

L'accouplement a lieu en avril et en mai. La femelle donne naissance à un seul petit, probablement tous les 3 ans, entre juin et août, après une gestation d'environ 14 mois. Elle l'allaite environ 20 mois. Il est fort probable que les liens mère-jeune persistent jusqu'à la puberté, et même au-delà pour les rejetons femelles. Les mâles atteignent la maturité sexuelle quand ils mesurent environ 3,9 m, soit entre 11 et 13 ans d'âge, et les femelles à 3,4 m, entre 6 et 8 ans. On croit que, durant la saison de reproduction, les mâles s'affrontent en entrecroisant leurs longues défenses et en cherchant à se frapper pour s'assurer l'accès aux femelles en chaleur. Les cicatrices sont plus nombreuses et les défenses plus fréquemment brisées chez les mâles adultes que chez

les plus jeunes. L'été, on voit parfois des mâles croiser leurs défenses, mais ils le font alors sans grande agressivité. D'après certains auteurs, il s'agirait d'une manière de maintenir des relations de dominance au-delà de la saison de reproduction: les mâles ayant les plus grosses défenses auraient un ascendant sur les autres.

Longévité

On ne connaît pas exactement la longévité maximale de cette espèce, mais elle a été estimée à 50 ans. Il est fort probable que la plupart des narvals ne dépassent pas l'âge de 30 ans.

Prédateurs et facteurs de mortalité

L'épaulard s'attaque au narval et il est probable qu'à l'occasion l'ours blanc en fasse autant. Les Inuits lui font la chasse pour son épiderme (maktak), qui constitue un mets fort apprécié, et pour sa défense d'ivoire, qu'ils vendent à bon prix. Ils consomment parfois la viande mais celle-ci sert surtout à nourrir les chiens de traîneau. Les Inuits du Canada et de l'ouest du Groenland en capturent respectivement environ 600 et 700 à chaque année.

Comme leurs cousins les bélugas, les narvals se font parfois emprisonner par le pack accumulé contre le rivage par un grand vent. Si la glace se consolide en début d'hiver, bon nombre d'entre eux risque

d'y périr de famine ou de prédation par un ou plusieurs ours blancs. Ces cas sont rares, mais on a déjà observé plus d'une centaine de narvals pris dans la glace de cette façon.

Statut des populations

On estime à plus de 40 000 le nombre de narvals dans le Nord canadien, et ce nombre semble stable en dépit de la chasse pratiquée par les Inuits. La valeur marchande de l'ivoire de narval rend sa chasse très lucrative. La chasse et le trafic d'ivoire font actuellement l'objet de mesures de gestion particulières dans cette région. L'espèce est considérée comme non en péril dans les eaux canadiennes (évaluation du COSEPAC, 1987). Dans le nord-ouest de l'Atlantique, les narvals sont également chassés par les communautés locales au Groenland.

Anecdote

(source : GREMM – www.baleinesendirect.net)

*D*u 2 au 23 septembre 2003, une série d'observations hors de l'ordinaire a eu lieu entre Les Escoumins et Les Bergeronnes. Deux étranges cétacés ont été aperçus par plusieurs personnes. De nombreux observateurs expérimentés ont identifié les animaux comme étant des narvals. Les deux individus n'étaient pas munis de l'immense défense caractéristique des narvals mâles. Les témoignages recueillis parlent d'animaux gris foncé avec des zones plus sombres. Cette couleur pourrait effectivement correspondre à la couleur des narvals juvéniles, les adultes étant plus blancs. Que faisaient ces cétacés de l'Arctique dans nos eaux ? Les tentatives de notre équipe pour les retrouver ont été infructueuses. Il n'existe aucune preuve puisqu'aucun témoin n'a réussi à prendre des photographies ou des images vidéo. Ce genre d'observation mystérieuse excite toujours l'imagination. Durant tout le mois de septembre, chaque membre de l'équipe a souhaité intensément rencontrer ces animaux dignes de légendes inuites fabuleuses.*

Le 21 décembre 2003, deux observateurs postés à Pointe-Noire, à l'embouchure du Saguenay, ont aussi cru apercevoir un narval. Encore là, aucune preuve. À l'été 2003, un jeune narval mâle avait séjourné à Terre-Neuve ; aucun doute cette fois puisque la visite avait pu être documentée, photos et images vidéo à l'appui.

◀ Le narval montre la queue avant de plonger profondément.

Baleine à bec commune

Famille
des
ziphiidés

Hyperoodon ampullatus

Hypéroodon boréal, hypéroodon arctique, grand souffleur à bec d'oie, hypéroodon de l'Atlantique Nord, baleine à bec de l'Essex,

Northern Bottlenose Whale
Bottlehead

Où peut-on l'observer?

On trouve cette espèce dans l'Atlantique Nord, du Rhode Island jusqu'au détroit de Davis et du Portugal jusqu'au Spitzberg, incluant les eaux du sud du Groenland et de l'Islande ainsi que les eaux britanniques et scandinaves.

À cause de sa préférence pour les eaux profondes, cette espèce est rarement vue près des côtes des Maritimes ou dans le golfe ou l'estuaire du Saint-Laurent, mais on a trouvé quelques individus échoués sur le rivage de ces régions, aussi loin en amont que Montmagny. Une population de quelques centaines est observée à longueur d'année au-dessus d'un canyon sous-marin profond de 2000 m, surnommé «*the Gully*» («le ravin»), au large de la Nouvelle-Écosse près de l'île de Sable. On en voit aussi dans le détroit de Davis et la baie de Baffin en été.

Caractères distinctifs

La couleur du corps de la baleine à bec commune varie du brun foncé chez les jeunes au blanc crème chez les plus vieux individus. En mer, on reconnaît cette baleine à son souffle bien distinct en forme de ballon qui s'élève jusqu'à 2 m de hauteur. Entre deux plongées, elle reste parfois en surface 10 minutes ou plus pour respirer, montrant son long bec, son melon proéminent et sa nageoire dorsale pointue et arquée vers l'arrière. Les mâles adultes possèdent, à l'extrémité de la mâchoire inférieure, deux dents coiffées d'émail qui peuvent avoir de 4 à 5 cm de long. Ces dents sont enfouies dans les gencives chez les femelles et les jeunes.

Le mâle, en vieillissant, devient nettement plus gros que la femelle et acquiert des caractères distinctifs, comme une tache claire sur le dessus de la tête et un melon proéminent.

Nage et plongée

La baleine à bec commune plonge jusqu'à 1500 m et reste

◄ Les vieux mâles ont une tache claire sur le dessus de la tête.

► p. 202-203: Notez la dorsale en faucille de la baleine à bec commune.
En médaillon: Les plongées de la baleine à bec peuvent durer plus d'une heure.

Dimensions

Longueur totale moyenne, mâle adulte: 7,5 m (max. 9,8 m); femelle adulte: 6,9 m (max. 8,7 m); nouveau-né: environ 3,6 m.

Les mâles adultes pèsent jusqu'à 5700 kg et les femelles, jusqu'à 3800 kg.

souvent entre 15 et 70 minutes sous l'eau (moyenne : 30 à 45 minutes). Une baleine à bec commune harponnée par un chasseur est déjà restée environ 2 heures en plongée avant de refaire surface. À notre connaissance, ce record n'a jamais été battu par quelque autre espèce de cétacé. Il a été avancé qu'une substance cireuse, nommé spermaceti, contenue dans le melon proéminent de la baleine à bec commune, pourrait servir de régulateur de flottabilité et faciliter la plongée profonde, mais cette hypothèse ne fait pas l'unanimité chez les chercheurs. On ne connaît pas sa vitesse de nage, mais des chasseurs ont vu autrefois une baleine à bec commune harponnée faire une plongée verticale de 900 m en 90 secondes (mesurée au moyen de la corde de harpon qu'ils ont laissé courir), ce qui donne une vitesse de 36 km/h ! Il s'agit bien sûr d'une donnée recueillie dans des conditions exceptionnelles.

Souffle

Dense et de forme arrondie, le souffle peut atteindre un ou deux mètres de hauteur.

Espèces semblables

Le petit rorqual, par contraste, a la tête plate et le corps noir marqué de bandes blanches sur les nageoires pectorales. Le globicéphale noir possède pour sa part une nageoire dorsale plus grande et située sur la moitié avant du corps. À cause de son melon proéminent, on peut aussi confondre la baleine à bec commune avec le cachalot macrocéphale. Sa peau brune ou blanc crème ne ressemble pas, cependant, à celle de ce dernier, qui est grise et plissée, et la baleine à bec commune soulève rarement la queue en plongeant.

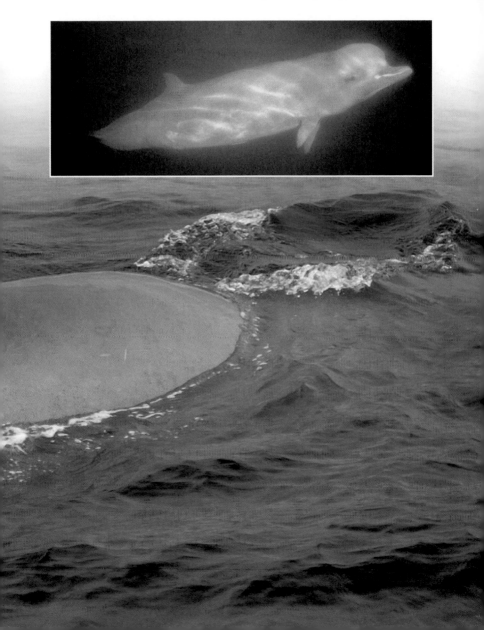

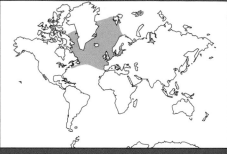

Répartition géographique

La baleine à bec commune fréquente surtout les eaux profondes et évite généralement le pack. En été, on l'observe surtout dans les eaux froides du Nord, particulièrement près du détroit de Davis. À l'automne, avec la formation des glaces, elle migre plus au sud, depuis les Grands Bancs de Terre-Neuve jusqu'au cap Cod. Un certain nombre de baleines à bec communes passent probablement l'hiver dans la mer du Labrador. On les observe souvent au large des côtes de la Nouvelle-Écosse, de Terre-Neuve et du Labrador entre avril et juin. Quelques rares individus pénètrent dans le golfe du Saint-Laurent. Deux individus se sont échoués en amont de l'estuaire, près de Montmagny, en novembre 1994.

Alimentation

La baleine à bec commune capture ses proies à de grandes profondeurs. Le calmar est sa nourriture principale. Elle capture aussi, à l'occasion, du hareng ainsi que des poissons de fond comme le sébaste, le flétan et la chimère. Elle consomme parfois des étoiles de mer et des concombres de mer.

Comportement social et vocalisations

La baleine à bec commune est grégaire. On la rencontre en groupes de 2 à 10 individus. Ces groupes sont mixtes ou composés d'animaux du même sexe et du même âge. Cette espèce émet une variété de sons aigus ou ultrasoniques. Son répertoire inclut des sifflements, des pépiements, des sons modulés, et des cliquetis. Les ultrasons et les sons les plus aigus servent vraisemblablement à l'écholocation. Les autres contribuent probablement à la communication entre les membres d'un même groupe social.

▲ Après une longue plongée, elle respire 10 minutes ou plus en surface.
◀ Les liens maternels persistent plusieurs années.

Reproduction et soins des jeunes

L'accouplement et la mise bas se produisent vers le mois d'avril. La femelle donne naissance à un seul petit tous les 2 ou 3 ans, après une gestation d'environ 12 mois. Elle l'allaite pendant environ un an. Les liens mère-jeune persistent jusqu'à la puberté des rejetons mâles et probablement au-delà pour les rejetons femelles. La maturité sexuelle survient quand le mâle atteint environ 7,5 m de longueur et la femelle environ 6,9 m, soit à l'âge approximatif de 11 ans chez les deux sexes. Il est probable que les gros mâles défendent des harems durant la saison de reproduction.

Longévité

La longévité de la baleine à bec commune est d'au moins 27 ans pour la femelle et de 37 ans pour le mâle.

Prédateurs et facteurs de mortalité

L'épaulard est de toute évidence le seul prédateur de cette espèce depuis qu'elle n'est plus chassée par l'homme.

Cette baleine a souvent été victime de sa propre curiosité. Les chasseurs, qui connaissaient bien l'habitude qu'elle a de s'approcher des bateaux, particulièrement lorsque le moteur est arrêté, n'avaient qu'à attendre pour la harponner. Or, les baleines à bec communes n'abandonnent pas un membre de leur groupe lorsqu'il est blessé. Comme elles restaient autour de lui pour lui porter assistance, elles finissaient souvent par succomber une à une aux coups de harpon.

Statut des populations

La baleine à bec commune a été chassée en Nouvelle-Écosse de 1962 à 1967. Mais ce sont les Écossais, à partir de 1877, puis les Norvégiens, en 1880, qui ont fait les plus grosses prises, principalement dans les eaux baignant l'est du Groenland mais aussi dans le détroit de Davis. Ces activités auraient réduit le nombre de baleines à bec communes dans l'Atlantique. La chasse en est interdite au Canada depuis 1972. Une petite population estimée à environ 200 individus fréquente une dépression profonde à l'est de l'île de Sable, au large de la Nouvelle-Écosse, surnommé «*the Gully*». Cette population a récemment été classée en voie de disparition (évaluation du COSEPAC, 2002) en raison des activités de mise en valeur des ressources pétrolières et du trafic maritime qui, croit-on, pourraient déranger l'espèce au point d'en entraîner le déclin. La population de baleines à bec du détroit de Davis n'a pas été évaluée récemment mais elle figure sur la liste des populations considérées comme non en péril (évaluation du COSEPAC, 1993).

Anecdote

(source : GREMM – www.baleinesendirect.net)

A lors que les appareils photo et les carnets de terrain de l'équipe de recherche sont déjà rangés pour l'hiver, voilà que le 7 novembre 1994, on nous annonce à la télévision qu'un rorqual s'est échoué sur les battures de Montmagny. Force nous est de constater, en examinant ce qui est présenté à l'écran, qu'il s'agit probablement d'une autre espèce. À huit heures et demie le lendemain matin, deux membres du GREMM marchent le long de la rive, afin d'en avoir le cœur net. En voyant la carcasse, un grand frisson leur parcourt le dos. Comme ils l'avaient présumé, il s'agit plutôt d'une baleine à bec commune de l'Atlantique. L'espèce n'est habituellement pas observée dans l'estuaire du Saint-Laurent. On la voit plutôt dans l'Atlantique, principalement au large des côtes de la Nouvelle-Écosse et de Terre-Neuve, jusque dans l'Arctique. Que faisait-elle alors dans la région ? On ne le saura jamais. Les grandes marées et le fond plat l'ont probablement prise au dépourvu. D'ailleurs, on voyait une trace de près d'un mètre de profondeur qui serpentait dans la vase. Aussi incroyable que cela puisse paraître, la baleine semblait s'être traînée sur une bonne distance. Il s'agissait d'une femelle, et du lait s'écoulait de ses mamelles, signe qu'elle allaitait. Le lendemain, on retrouvera son jeune, un mâle, échoué lui aussi, à Saint-Roch-des-Aulnaies, à quelques kilomètres en aval.

Échouage inusité d'une baleine à bec à Montmagny en 1994.

Cachalot macrocéphale

Famille
des
physétéridés

Physeter macrocephalus

Grand cachalot, grand souffleur, baleine trompette

Sperm Whale
Cachalot, Pot Whale, Spermaceti Whale

Où peut-on l'observer?

On rencontre cette espèce dans toutes les mers et tous les océans du monde, à l'exception des eaux densément couvertes de glaces de l'Arctique et de l'Antarctique ou des mers peu profondes, comme les mers des Tchouktches, du Nord et Baltique. Dans le nord-ouest de l'Atlantique, on la trouve depuis les eaux subtropicales jusqu'au détroit de Davis.

Seuls les cachalots mâles peuvent être observés à la hauteur des côtes canadiennes. À cause de sa préférence pour les eaux très profondes, cette espèce est plus rare dans le golfe ou l'estuaire du Saint-Laurent, mais on a trouvé quelques individus échoués sur ces côtes et quelques dizaines d'individus différents ont été vus au fil des ans dans l'estuaire, aux alentours de Tadoussac et de Grandes-Bergeronnes. L'espèce est commune au large des Maritimes en août et en septembre. On la rencontre entre autres au-dessus d'un canyon sous-marin profond de 2 000 m, surnommé «the Gully», au large de la Nouvelle-Écosse, près de l'île de Sable. Sa présence est aussi observée au large du Labrador, dans les détroits d'Hudson et de Davis ainsi que dans la baie de Baffin en été et à l'automne.

Caractères distinctifs

Le cachalot macrocéphale a la peau plissée de couleur gris acier ou gris brun et les lèvres blanches. En mer, on le reconnaît à sa tête proéminente et carrée qui représente plus du tiers de sa longueur totale. Sa nageoire dorsale triangulaire forme une saillie sur le dos aux deux tiers du corps. Elle est suivie d'autres bosses, plus petites, vers l'arrière. Le cachalot montre la queue en plongeant. Sa mâchoire inférieure étroite est pourvue de 36 à 60 dents larges qui s'imbriquent dans des cavités de la mâchoire supérieure dépourvue de dents. Son évent est situé asymétriquement du côté gauche sur le dessus de la tête.

◄ L'évent pointe à gauche et vers l'avant sur la grosse tête proéminente.

► p. 211 : Le cachalot plonge parfois à plus de 2 000 m et peut rester sous l'eau près de 90 min.

Dimensions

Longueur totale moyenne, mâle adulte : 14,5 m (max. 18,5 m); femelle adulte : 11 m (max. 12,3 m); nouveau-né : environ 4 m.

Les mâles adultes pèsent en moyenne 30 000 kg (max. 52 000 kg) et les femelles dépassent rarement 15 000 kg. Les nouveau-nés pèsent environ 1 000 kg.

Nage et plongée

Le cachalot macrocéphale nage habituellement à une vitesse de 5 à 7 km/h, mais est capable d'accélérer jusqu'à 30 km/h lorsqu'il est poursuivi.

Cet animal est capable de plonger très profondément, atteignant parfois plus de 2 000 m. Il prend de 30 à 50 respirations avant de plonger et peut rester immergé près de 90 minutes, bien que la plupart de ses plongées durent de 30 à 50 minutes. Lorsqu'il plonge en profondeur, sa descente et sa remontée sont verticales. Ce cachalot réapparaît ainsi non loin de l'endroit où il a amorcé sa plongée. Une substance cireuse, nommée spermaceti, contenue dans le melon proéminent du cachalot, servirait de régulateur de flottabilité et faciliterait la plongée profonde, mais cette hypothèse ne fait pas l'unanimité chez les chercheurs.

Souffle

Il projette son souffle vers l'avant et vers la gauche sur une hauteur de 2,5 m.

Espèces semblables

Sa peau plissée et grise le distingue de la baleine à bec commune. À distance, on peut le confondre avec le rorqual à bosse à cause de son dos bossu, mais le souffle du rorqual est vertical, alors que celui du cachalot est projeté en avant du côté gauche.

Répartition géographique

Cette espèce fréquente surtout les eaux profondes. En général, les femelles et les jeunes restent au sud du 40e parallèle nord. Seuls des groupes de mâles s'aventurent près des côtes canadiennes, particulièrement au mois d'août

ou de septembre. Avec de la chance, on peut les voir au large de la Nouvelle-Écosse et de Terre-Neuve. Ils fréquentent aussi la mer du Labrador jusqu'au détroit de Davis. On en a trouvé qui s'étaient échoués dans la baie d'Ungava. Par exception, quelques individus ont aussi été observés dans l'estuaire du Saint-Laurent. En octobre et en novembre, ils redescendent vers les eaux tempérées ou tropicales; certains rejoignent les femelles pour la saison de reproduction. Au printemps, les cachalots migrent des mers tropicales vers les eaux tempérées du Gulf Stream.

Alimentation

Le cachalot macrocéphale se nourrit principalement de calmars; un adulte peut en manger près d'une tonne par jour. Il capture aussi des pieuvres et quelques espèces de poissons comme la morue et le sébaste. Des traces de ventouses de 20 cm de diamètre notées sur la peau de certains cachalots laissent supposer que cette baleine s'attaque à des calmars géants (du genre *Architeutis*) pouvant atteindre une longueur de 45 m.

Comportement social et vocalisations

Très grégaires, particulièrement durant la saison de reproduction sous les tropiques, les cachalots macrocéphales forment divers groupes sociaux: groupes de jeunes mâles célibataires ou de mâles plus âgés et groupes de femelles accompagnées de leurs petits, de jeunes de l'année précédente et de femelles adultes. Ces groupes, composés de dizaines d'individus, peuvent se rassembler pour former des troupeaux de centaines et même parfois de milliers d'individus. Durant l'élevage de son petit, la mère est souvent accompagnée de plusieurs femelles non gestantes qui protègent le nouveau-né et l'aident parfois à respirer en le maintenant à la surface avec leur tête. Dans l'Atlantique Nord-Ouest, on ne trouve que des mâles adultes durant l'été, seuls ou par petits groupes, ceux-ci ayant tendance à être plus solitaires.

Un vieux mâle harcelé peut devenir redoutable et charger un navire. Cette combativité a coûté la vie à plus d'un chasseur au cours des siècles passés, quand la chasse se pratiquait à bord de petites barques. Ce sont ces vieux mâles agressifs qui ont inspiré le célèbre roman d'Herman Melville, *Moby Dick*.

Le cachalot émet de puissants cliquetis de tonalité aiguë à une cadence qui varie de 1 000 par seconde à une par tranche de 10 secondes, et qui ressemblent à un martèlement répété. Les longues séries de cliquetis qu'il répète à une cadence de une ou deux par seconde lorsqu'il se trouve en profondeur servent à l'écholocation et pour localiser les proies. On suppose que les cliquetis à cadence plus rapide, qui ressemblent à des grincements, permettent de préciser la position de la proie au moment où le cachalot s'en approche. Les séries de cliquetis plus brefs servent vraisemblablement à communiquer avec les congénères. Chaque animal semble émettre des séries de cliquetis ou patrons sonores dont la fréquence et la cadence lui sont propres. On note également que les patrons sonores d'individus d'un même groupe se ressemblent davantage que ceux émis par les membres de groupes différents.

Reproduction et soins des jeunes

L'accouplement a lieu entre janvier et juillet, le plus souvent en avril ou mai. Les naissances se produisent de mai à novembre, après une gestation de 15 à 19 mois. L'allaitement durerait environ 2 ans. Il semble que les femelles aient un petit tous les 4 à 7 ans. Les liens mère-jeune persistent jusqu'à la puberté pour les mâles et probablement toute la vie pour les rejetons femelles. Les mâles atteignent la maturité sexuelle quand ils mesurent environ 10 m, soit vers l'âge de 9 ans, et les femelles à environ 8 m, vers 6 ans. Cependant, les mâles ne s'accouplent vraisemblablement pas avant d'atteindre 13,7 m de longueur, soit entre 25 et 27 ans. Durant la saison de reproduction, les vieux mâles rassemblent les femelles en âge de s'accoupler et se constituent un harem de 20 à 30 individus. La formation de ces harems peut donner lieu à de violents combats où les mâles se ruent l'un sur l'autre et luttent en se tenant par la mâchoire.

▲ Notez la peau plissée et la nageoire dorsale triangulaire.
◄ Le cachalot montre la queue avant de plonger profondément.

Prédateurs et facteurs de mortalité

L'épaulard est le prédateur principal du cachalot macrocéphale depuis l'interruption de la chasse commerciale. Dans l'Atlantique Nord-Ouest, on ne le chasse plus que dans l'île caraïbe de la Dominique où deux cachalots au maximum sont tués chaque année en vertu d'un règlement de la Commission baleinière internationale sur les chasses aborigènes. Des habitants des îles Saint-Vincent et Sainte-Lucie en prennent aussi quelques individus à l'occasion.

On rapporte quelques cas où des cachalots ont été victimes d'une collision avec un navire ou sont morts empêtrés dans des filets de pêche, tout particulièrement les filets dérivants en milieu pélagique. Il arrive aussi que des groupes de cachalots s'échouent sur la côte. On a observé de tels échouages à l'île d'Anticosti, à l'île du Prince-Édouard, sur la côte de la Nouvelle-Ecosse et sur l'île de Sable.

Longévité

Certains cachalots macrocéphales peuvent atteindre 60 ou 70 ans, mais la plupart ne dépassent probablement pas 40 ans.

Statut des populations

La chasse au cachalot macrocéphale a longtemps été une entreprise très lucrative dans bien des régions du globe. En Nouvelle-Écosse, certaines années, on prenait jusqu'à 50 mâles. La chasse a cessé au Canada en 1972. Le cachalot figure sur la liste des espèces non en péril au Canada (évaluation du COSEPAC, 1996).

Anecdote

(source: GREMM – www.baleinesendirect.net)

Problème de maths

Un cachalot a été signalé dans le secteur des Bergeronnes. Nous nous rendons sur place pour documenter l'observation. À notre arrivée, nous sommes témoins de quelques souffles au loin et le voilà qui replonge déjà. Le croisiériste qui observe l'animal depuis deux heures nous donne de précieux renseignements : le cachalot effectue des plongées d'environ 40 minutes, il se dirige vers l'amont en suivant la côte, et d'après les endroits où il a surgi, nous connaissons la distance approximative parcourue entre deux séquences de respiration à la surface. Cela ressemble de plus en plus à un problème de maths. Un simple calcul incluant ces données nous permet de connaître la vitesse du cachalot. Nous nous alignons dans la même direction et réglons notre vitesse sur la sienne. S'il reste constant dans son déplacement, il ne sera pas difficile de le suivre et nous devrions le voir surgir près de nous à sa prochaine sortie. Nous voilà donc aux aguets pour une attente de 40 minutes. Est-il juste là, sous le bateau, en ce moment même ? Notre stratégie était bonne, car le voilà. Le temps d'une quinzaine de respirations, nous prenons des photographies. Au moment de la plongée, nous reconnaissons la queue de Tryphon, un cachalot qui visite régulièrement le Saint-Laurent. Nous recommençons notre filature mathématique encore deux ou trois fois, puis Tryphon se cache à l'eau pour de bon, probablement reparti vers le golfe et l'océan. Quelle rencontre extraordinaire !

Maths enrichies

Lors d'une autre journée mémorable, nous avions affaire à sept cachalots. Cette fois, le brouillard était de la partie. Nous avons inclus dans notre équation la vitesse du courant. À chaque sortie du groupe de cétacés, une séance de photographies était réalisée pour l'un d'eux. Il y avait entre autres Nestor, Rackam et Bianca.

Après les mathématiques, la thématique

Les noms des cachalots vous interpellent ? Eh oui, ce sont les noms des personnages de la bande dessinée Tintin. C'est la thématique choisie. Le professeur Tryphon Tournesol, le fidèle majordome Nestor, le pirate Rackam le Rouge, la grande cantatrice Bianca Castafiore, le général Tapioca, Chang, l'ami de Tintin…

◄ Après une longue plongée, le cachalot respire quelques dizaines de fois en se reposant à la surface.

Pinnipèdes

Phoque commun
Phoque gris
Phoque du Groenland
Phoque à capuchon
Phoque annelé
Phoque barbu
Morse

Phoque commun

Famille
des
phocidés

Phoca vitulina

Phoque veau-marin, loup-marin,
veau-marin commun, chien de mer

Harbour Seal

Où peut-on l'observer?

On trouve cette espèce le long des côtes septentrionales de l'Amérique du Nord, de l'Europe et de l'Asie, ainsi que dans certains lacs d'eau douce. Dans le nord-ouest de l'Atlantique, elle est présente depuis les côtes du sud du Groenland et de l'île de Baffin jusqu'aux côtes de la Virginie, dans la baie d'Hudson et certains lacs d'eau douce du Nunavik (lacs des Loups Marins) et du Nunavut (par exemple, les lacs Edehon et Ennedai, à l'ouest de la baie d'Hudson), ainsi que dans le golfe et l'estuaire du Saint-Laurent.

Au Québec, les meilleurs endroits pour en faire l'observation sont le parc Forillon, l'île Bonaventure et le parc du Bic. On l'observe aussi un peu partout dans l'estuaire jusqu'à l'île aux Coudres et dans le golfe du Saint-Laurent. À Terre-Neuve et au Labrador, l'espèce est commune près des côtes, en particulier dans les estuaires de certaines rivières. Le phoque commun est observé à longueur d'année dans les eaux de la baie de Fundy et le long des côtes atlantiques de la Nouvelle-Écosse.

Caractères distinctifs

Son pelage, gris bleu ou gris jaunâtre, est couvert de petites taches noires et de rayures blanchâtres formant des boucles et des anneaux dispersés plus ou moins distincts. On peut identifier les individus par la disposition de ces taches sur leur pelage. Dans le nord de l'aire de répartition de l'espèce, le pelage foncé prédomine. Le nouveau-né est gris argenté. Dans l'eau, on reconnaît le phoque commun à son nez court, dont l'extrémité est à la même distance de l'oeil que l'oreille*, à ses narines rapprochées se joignant presque en un V et à sa couleur

* *Les phocidés disposent d'un petit orifice auditif mais n'ont pas de pavillon d'oreille.*

▲ Le phoque commun se déplace maladroitement sur la terre ferme.

◄ Le pelage foncé prédomine dans le nord de son aire de répartition.

Dimensions

Longueur totale: 120 à 180 cm (moyenne mâle adulte: 154 cm; femelle adulte: 143 cm); nouveau-né: environ 76 cm; jeune sevré: environ 90 cm.

Les adultes pèsent entre 45 et 136 kg (moyenne, mâle adulte: 90 kg; femelle adulte: 70 kg). Les nouveau-nés pèsent environ 10 kg et atteignent 28 kg au moment du sevrage.

foncée. Chacune des pattes est munie de cinq griffes longues et acérées. C'est en été que les animaux perdent leur pelage d'hiver. Durant la mue, les poils se détachent progressivement par plaques de l'arrière vers l'avant du corps.

Nage et plongée

Le phoque commun se déplace maladroitement sur la terre ferme, s'appuyant sur ses nageoires antérieures et se dandinant de part et d'autre. Dans l'eau, il est plus agile, car il peut atteindre de 10 à 15 km/h, vitesse suffisante pour attraper des proies rapides comme le maquereau. Sa vitesse de croisière est plus lente, soit environ 3 ou 4 km/h. On peut voir des jeunes phoques jaillir hors de l'eau et marsouiner durant leurs jeux. Les adultes préfèrent rester seuls dans l'eau, vaquant lentement à leurs activités.

Le phoque commun peut plonger à 200 m et rester immergé une trentaine de minutes, mais en général ses plongées sont de courte durée, de 3 minutes en moyenne, et à faible profondeur.

Espèces semblables

On distingue le phoque commun du phoque gris par sa petite taille et son museau plus court. Le phoque annelé a des anneaux clairs bien nets sur le dos. Le phoque du Groenland juvénile est tacheté mais son pelage est plus clair et ses taches plus grosses et éparses.

Répartition géographique

Le phoque commun fréquente les eaux côtières, les baies et l'embouchure des fleuves. Il préfère les eaux peu profondes voisines des petites baies ou à proximité des îlots ou des récifs. En hiver, il ne s'associe pas à la banquise comme le phoque du Groenland, le phoque à capuchon ou même le phoque gris. Il préfère rester dans l'eau, ne sortant que lorsque la température s'adoucit, et il fréquente les eaux demeurées libres de glace sous l'action des courants.

Bien qu'il soit plutôt sédentaire, il quitte parfois l'eau salée pour remonter certains cours d'eau. Quelques lacs du nord du Québec abritent de petites populations de phoques communs.

En été, le phoque commun passe de longues heures sur les barres de sable, les rochers et les récifs découverts par la marée descendante. Au retour de la marée montante, il quitte son emplacement pour se nourrir ou disputer bruyamment à ses congénères les endroits encore émergés.

Alimentation

Dans les Maritimes, le phoque commun se nourrit principalement de hareng, de plie et d'une espèce de calmar, l'encornet. Il consomme plusieurs autres espèces de poissons (gaspareau, merlu, merluche, maquereau, lançon, capelan, morue et saumon) ainsi que des crevettes et des crabes. Les phoques des lacs des Loups Marins, au Nouveau-Québec, se nourrissent d'omble de fontaine, de

◀ Maladroit sur terre, le phoque commun est très agile dans l'eau.

touladi et de grand corégone. Ailleurs, on ne connaît pas leur régime alimentaire. Le phoque commun se nourrit autant de jour que de nuit, la vue ne jouant apparemment pas un rôle essentiel à la capture des proies. On pense que ses vibrisses, au nombre de 40 ou plus de chaque côté du museau, sont assez sensibles pour détecter une proie en fuite à faible distance. Il avale les petits poissons entiers et ramène les plus gros à la surface pour les manger en les tenant avec ses pattes.

Comportement social et vocalisations

Le phoque commun est grégaire sur la terre ferme mais se nourrit seul en mer. Il forme de petites populations plus ou moins isolées les unes des autres. Durant la saison de reproduction, en août et septembre, quelques dizaines à quelques centaines d'individus se regroupent dans des lieux de rassemblement appelés échoueries. Lorsqu'il se repose sur les rochers, il adopte souvent une posture arquée. Couché sur le côté, il lève la tête et les nageoires postérieures

vers le ciel. On le voit fréquemment sortir la tête hors de l'eau pour observer les alentours et s'ébattre dans les vagues. Plutôt méfiant, il plonge dès qu'on l'approche.

Les vocalisations du phoque commun se composent pour l'essentiel de grognements, de grondements et de glapissements très aigus. Lorsque les animaux sont dans l'eau, on peut les entendre renifler et ronfler.

Reproduction et soins des jeunes

La femelle met bas un seul petit par année, en mai ou en juin dans le golfe du Saint-Laurent et en juin ou juillet dans l'Arctique, après une gestation d'environ 10 mois qui inclut une période d'implantation retardée de 3 mois. Elle met bas sur la terre ferme mais, dès la naissance, le petit, aussi appelé chiot, peut l'accompagner à l'eau et nager à ses côtés. L'allaitement dure environ un mois (25-30 jours), durant lequel le petit triple de poids. La mère allaite aussi bien dans

l'eau que sur terre. Elle surveille attentivement son petit lorsqu'il est à l'eau. Parfois, elle joue avec lui en roulant sur le dos ou en bondissant hors de l'eau. Elle l'incite à la suivre en frappant l'eau de sa nageoire et en poussant des grognements. Lorsqu'il leur arrive d'être séparés pendant quelque temps, ils reprennent contact en se touchant le museau. La mère se sépare de son jeune une fois qu'il est sevré. Le mâle atteint la maturité sexuelle vers l'âge de 6 ans et la femelle vers 3 ou 4 ans. L'accouplement a lieu le plus souvent dans l'eau, peu après le sevrage. On assiste alors à de nombreuses poursuites. Les mâles s'affrontent et s'infligent souvent des blessures à la tête et au cou durant cette période. Au cours d'une même saison, les mâles peuvent s'accoupler avec plusieurs femelles mais ils ne forment pas de harem.

Longévité

À l'état sauvage, la majorité des phoques communs ne dépassent pas 20 ans. Leur longévité maximale est de 29 ans.

Prédateurs et facteurs de mortalité

L'épaulard, les requins et, dans l'Arctique, l'ours blanc s'attaquent parfois au phoque commun. Par ailleurs, on en fait occasionnellement la chasse pour le commerce de sa peau dans le Nord canadien. Certains meurent pris dans des pièges à poissons ou des filets de pêche. À l'occasion, les pêcheurs les abattent lorsqu'ils se prennent dans leurs filets, pour éviter qu'ils ne causent des dommages supplémentaires aux engins de pêche.

Statut des populations

Jusqu'en 1976, Pêches et Océans Canada a offert des primes pour l'abattage du phoque commun. Bien des pêcheurs considéraient l'espèce comme nuisible en raison de la quantité de poisson qu'elle consomme, des dommages qu'elle cause aux engins de pêche et de la possibilité qu'elle soit un vecteur du ver de la morue. Les primes ont été éliminées à cause du déclin de la population de la côte est. Le nombre total de phoques communs au Québec et le long des côtes de l'Atlantique a été estimé à 13 000 en 1973 et semble avoir augmenté depuis. Cependant, en l'absence d'inventaires récents, on considère les données insuffisantes pour évaluer le statut de la population de l'Atlantique Nord-Est (évaluation du COSEPAC, 1999). Une petite population lacustre occupe les lacs des Loups Marins, dans le Nunavik (Nord québécois) et on a jugé sa situation préoccupante du fait de sa faible taille et de son isolement (évaluation du COSEPAC, 1996). Les populations de la baie James, de la baie d'Hudson et de l'île de Baffin n'ont pas été évaluées, mais il semble qu'elles soient également de taille plutôt réduite.

Anecdote

(source : les auteurs)

Nous étions en promenade au parc du Bic, près de Rimouski, et nous descendions un sentier vers une petite baie du Saint-Laurent lorsque nous les avons aperçus. Par marée basse, une dizaine de phoques communs se reposaient sur de grosses roches plates émergentes dans le milieu de la baie à moitié vide. Nous pouvions voir certains d'entre eux couchés sur le côté soulever la tête et leurs nageoires postérieures vers le ciel, dans la pose «banane» caractéristique de l'espèce. Au fur et à mesure que la marée montait, les phoques reposant sur les rochers les plus éloignés perdaient leur plate-forme et se retrouvaient à l'eau. Peu contents de cette situation, ils se rapprochaient de leurs congénères encore au sec et tentaient de leur voler leurs perchoirs. Mais ces derniers les recevaient la gueule ouverte, menaçante, et réussissaient à défendre leur coin sec. Petit à petit, la marée a envahi entièrement la baie et le reste des phoques privés des derniers reposoirs se dispersa, nous laissant seuls sur la plage, cherchant à imaginer ce qu'ils allaient faire au large jusqu'à la prochaine marée.

▲ Posture «banane» caractéristique d'un phoque commun au repos.
◄ p. 222-223 : Au sec, le pelage du ventre et des flancs est presque jaune paille. En médaillon : La femelle met bas sur la terre ferme.

Phoque gris

Famille
des
phocidés

Halichoerus grypus

Tête de cheval

Grey Seal
Atlantic Seal, Hooknosed Seal, Horse-head

Où peut-on l'observer ?

On trouve cette espèce dans l'Atlantique Nord-Ouest, le long des côtes du Labrador, du golfe du Saint-Laurent et des Maritimes jusqu'au Massachusetts. On la rencontre aussi près des côtes des îles britanniques, de la Norvège et de l'Islande, ainsi que dans la mer Baltique et la mer Blanche.

Au Québec, les meilleurs endroits pour en faire l'observation sont le parc Forillon, l'île Bonaventure, le rocher Percé et le parc du Bic, surtout durant l'été. On peut observer le phoque gris dans l'estuaire jusqu'à l'île aux Basques et autour des îles du golfe du Saint-Laurent (îles Mingan, îles de la Madeleine, île d'Anticosti, etc.). L'embouchure de la rivière Chicotte à l'île d'Anticosti est occupée par des milliers de ces phoques du printemps jusqu'à l'automne. Le phoque gris est observé à longueur d'année le long des côtes atlantiques de la Nouvelle-Écosse. On l'observe aussi en grand nombre aux îles Saint-Pierre-et-Miquelon. La plus grosse colonie se trouve à l'île de Sable. Il est moins commun à Terre-Neuve et au Labrador. En hiver, la majorité des phoques gris de l'Atlantique Nord-Ouest se reproduisent sur la banquise entre l'île du Cap-Breton et l'île du Prince-Édouard.

Caractères distinctifs

Le pelage du mâle adulte est noir tacheté de gris pâle; celui de la femelle et du jeune est gris argenté tacheté de noir. Le nouveau-né a le nez noir et glabre et le corps couvert d'un duvet blanc crème qu'il perd vers l'âge de trois semaines, après une mue de 4 ou 5 jours.

On le reconnaît dans l'eau à son long museau aquilin dont l'extrémité est plus distante de l'oeil que l'oreille*, à ses narines bien séparées ayant l'apparence d'un W et à sa couleur foncée.

* *Les phocidés disposent d'un petit orifice auditif mais n'ont pas de pavillon d'oreille.*

▲ Notez le pelage noir tacheté de gris pâle.

◄ Le long museau du phoque gris est un caractère distinctif.

Dimensions

Longueur totale : 170 à 310 cm (moyenne, mâle adulte : 235 cm ; femelle adulte : 200 cm) ; nouveau-né : environ 90 cm ; jeune sevré : environ 105 cm.

Les adultes pèsent entre 100 et 450 kg (moyenne, mâles : 290 kg ; femelles : 249 kg). Les nouveau-nés pèsent en moyenne 17 kg et atteignent 58 kg au moment du sevrage.

Nage et plongée

Cette espèce peut atteindre à la nage une vitesse de pointe de 10 à 15 km/h. Sa vitesse de croisière, plus lente, reste aux environs de 3 ou 4 km/h. Le phoque gris peut descendre à 200 m et rester submergé 25 minutes, mais ses plongées habituelles se limitent à quelques dizaines de mètres de profondeur et à une durée de quelques minutes

Lorsqu'il fait surface, on le voit souvent se tenir à la verticale, la tête sortie de l'eau, scrutant les alentours. Il est curieux de nature et inspecte les bateaux de passage.

Espèces semblables

On distingue le phoque gris des autres phoques par son museau allongé et sa grande taille. Le phoque à capuchon est plus foncé et a la tête noire.

Répartition géographique

Le phoque gris fréquente surtout les eaux tempérées et subarctiques, à proximité des côtes et autour des îles, des îlots rocheux ou des bancs de sable. En hiver, on le trouve aussi en bordure de la banquise qui se forme sur les rivages, aux endroits où il peut trouver de l'eau libre de glace. On l'observe parfois au large, dans les zones de hauts-fonds.

Le phoque gris se repose sur les récifs découverts par la marée baissante. En hiver, la température de l'eau est plus supportable que celle de l'air et les phoques préfèrent souvent rester immergés.

Alimentation

Le phoque gris profite de la marée haute pour se nourrir. Son régime alimentaire comprend surtout des poissons de fond, dont des raies, des plies et des merluches. Il capture aussi du maquereau, du hareng, de la morue et des calmars durant la migration saisonnière de ces espèces vers les côtes, au printemps ou en été.

Comportement social et vocalisations

Durant la saison de reproduction, en hiver, les phoques gris forment des colonies de plusieurs milliers d'individus. Mâles et femelles se dispersent ensuite, laissant derrière eux les nouveau-nés. Ces derniers restent à terre ou sur la glace quelque trois semaines, au terme desquelles survient la mue. Ils se mettent ensuite à l'eau pour la première fois. D'avril à juin, les adultes se rassemblent à nouveau sur la terre ferme pour la mue. À l'été, ils se séparent pour vivre plus ou moins en solitaires. Les jeunes se dispersent sur de plus grandes distances que les adultes. Il leur arrive parfois de se joindre à d'autres groupes que leurs colonies d'origine. Les adultes, qui migrent sur des distances variables vers leurs lieux d'alimentation, semblent revenir systématiquement aux mêmes endroits pour se reproduire.

Les nouveau-nés émettent des cris plaintifs que la mère reconnaît. Les adultes, pour leur part, communiquent avec force aboiements, grognements et hurlements.

Reproduction et soins des jeunes

Chaque année, la femelle donne naissance à un seul petit entre la mi-décembre et la mi-février, après une gestation d'une durée

◀ Ces phoques gris profitent d'un récif découvert par la marée.

▶ p. 230-231 : La mère allaite son petit durant 2 ou 3 semaines. En médaillon : Notez les pelages distincts des adultes mâle et femelle et du petit.

moyenne de 11 mois et demi incluant une implantation retardée d'environ 3 mois. À cette époque, les femelles se rassemblent sur la banquise du détroit de Northumberland ou sur l'île de Sable et d'autres îles de l'Atlantique et du golfe du Saint-Laurent. Pendant 2 ou 3 semaines, elles vont peu à l'eau et allaitent leurs petits, qui triplent de poids au cours de cette brève étape de leur développement. Le lait maternel très riche, dont la teneur en matières grasses

atteint 52 %, favorise cette croissance rapide. Les femelles s'accouplent à la fin de cette période, abandonnant les jeunes quand ils sont sevrés. Le mâle atteint la maturité sexuelle à 3 ou 4 ans, mais s'accouple rarement avant l'âge de 8 ans. La femelle est féconde à 4 ou 5 ans. Les gros mâles qui s'infiltrent dans la colonie de reproduction se disputent l'accès au plus grand nombre possible de femelles. Une fois installés parmi les femelles de leur choix, ils menacent, gueule

ouverte, et attaquent même tout autre mâle qui s'approche. Ils tentent régulièrement de monter les femelles, qui les repoussent tant qu'elles ne sont pas en chaleur. Les jeunes mâles restent en périphérie et tentent, souvent sans succès, d'intercepter les femelles qui s'éloignent de la colonie.

Longévité

Bien qu'un individu ait déjà vécu 41 ans en captivité, la majorité des phoques gris ne vivent pas plus de 20 ans à l'état sauvage.

Prédateurs et facteurs de mortalité

L'épaulard et les requins s'attaquent parfois au phoque gris. Les pêcheurs lui font la chasse parce qu'il est porteur d'un parasite de la morue et parce qu'il endommage les filets. Certains meurent pris dans des trappes ou des filets de pêche ou bien sont abattus par les pêcheurs avant qu'ils ne causent des dommages supplémentaires. Aux îles de la Madeleine et ailleurs dans les Maritimes, on en prélève quelques centaines par année.

Statut des populations

La population, estimée à plus de 30 000 en 1980 dans l'est du Canada, était en expansion rapide depuis les années 1960 et avait atteint le nombre de 195 000 en 1997. On a estimé en 2003 que la population de l'île de Sable continue d'augmenter tandis que celle du golfe du Saint-Laurent a diminué du tiers depuis 1997. À cause de sa concurrence avec les pêcheurs pour le poisson, du fait qu'il endommage leurs engins de pêche et qu'il propage le ver de la morue qui rend la chair du poisson invendable, Pêches et Océans Canada a offert des primes à l'abattage de 1967 à 1984 et a organisé entre 1976 et 1990 des chasses contrôlées. De nos jours, il ne se fait plus qu'une chasse commerciale de faible envergure à partir des îles de la Madeleine et, à un moindre degré, ailleurs dans les Maritimes. On en prélève quelques dizaines à quelques centaines d'individus par année. Au Canada, l'espèce figure sur la liste des espèces non en péril (évaluation du COSEPAC, 1999).

Anecdote

(source : Steeve R. Baker)

Une Mère Teresa parmi les phoques

Dans le cadre de mon projet de maîtrise, qui portait sur le transfert de poids durant l'allaitement chez le phoque gris, nous nous étions installés sur un îlot, au large de la Nouvelle-Écosse. Chaque jour, après le recensement d'usage de la petite colonie d'une centaine d'adultes, nous partions sur les glaces capturer des mères et leur chiot afin de les peser. La période de l'allaitement est exigeante pour les phoques : un maximum d'énergie doit être transféré au jeune (sous forme de graisses dans le lait) dans un minimum de temps pour réduire les risques d'une séparation avant la fin de l'allaitement. La mobilité de la banquise justifie un tel sprint physiologique, de sorte qu'une quinzaine de jours suffisent pour mener le jeune phoque gris au sevrage. D'où l'importance d'un lien fort entre la mère et son rejeton.

Pendant cette saison d'échantillonnage, nous avons été témoins d'un événement assez particulier. Dès les premiers jours, nous pouvions apercevoir de jeunes phoques orphelins, souvent abandonnés par une mère dérangée par les mouvements importants des glaces. Repoussés par les autres femelles, ces jeunes finissent toujours par mourir de faim ou de froid ou noyés. Pourtant, l'une d'elles, une femelle âgée de sept ans (elle portait une étiquette d'un recensement précédent) a adopté cinq chiots orphelins.

Durant une dizaine de jours, cette femelle, que nous avons par la suite baptisée Mère Teresa, se laissait suivre et téter par ces jeunes orphelins. Un comportement aussi inhabituel intrigue toujours les biologistes qui cherchent à en comprendre les avantages. Cette mère adoptive demeurait même agressive à l'égard des mâles adultes qui tentaient de les approcher. Finalement, le lendemain de la dernière observation où elle a été vue en compagnie d'un mâle adulte, après une nuit très venteuse, Mère Teresa est partie, laissant derrière elle les quatre chiots qui survivaient encore à ce moment-là.

▲ Mère Teresa allaite des orphelins.
◄ Un jeune phoque gris solitaire se repose sur un rocher.

233

Phoque du Groenland

Famille
des
phocidés

Phoca groenlandica

Loup-marin de glace, phoque à selle

Harp Seal

Greenland Seal, Saddleback Seal

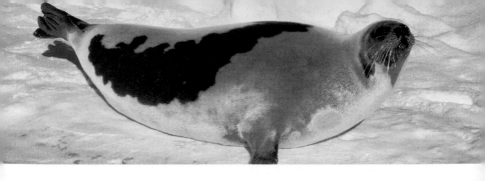

Où peut-on l'observer?

On trouve cette espèce dans l'Atlantique Nord, dans l'est de l'Arctique, le long des côtes du Labrador, autour de Terre-Neuve et dans le golfe du Saint-Laurent, de même qu'au nord de l'Islande et au large des côtes de l'Europe septentrionale.

Au Québec, le meilleur endroit pour en faire l'observation est la banquise au large des îles de la Madeleine, en mars. Des hélicoptères de tourisme sont alors disponibles pour amener les gens sur les glaces. On y trouve des milliers de phoques du Groenland. Les femelles y mettent bas leurs fameux blanchons, bébés phoques au pelage blanc comme neige. On observe aussi des phoques du Groenland sur les glaces de l'estuaire en hiver. On en compte par millions sur la banquise au large de Terre-Neuve, mais ces troupeaux sont plus difficiles d'accès à cause de leur éloignement des côtes. En été, certains individus, surtout des jeunes, demeurent dans les eaux de Terre-Neuve ainsi que du golfe et de l'estuaire du Saint-Laurent, mais la plupart migrent vers les eaux de l'Arctique canadien et du Groenland avec la fonte des glaces. Des troupeaux de phoques du Groenland adultes sont fréquemment observés durant l'été tout autour de l'île de Baffin.

Caractères distinctifs

Le mâle a la tête noire ou brun foncé et le corps blanc. Deux larges bandes noires (en forme de harpe, d'où leur nom anglais), une de chaque côté du corps, se joignent sur son dos. La femelle est semblable ou plus pâle, et la bande noire de ses flancs est moins bien définie. Le nouveau-né, appelé blanchon, a le poil long et blanc. Durant la mue, son pelage blanc se détache en lambeaux et son allure dépenaillée lui vaut le surnom de «guenillou». Son second pelage, dit «brasseur», est argenté et parsemé de taches plus foncées. Les jeunes d'un an ou plus, appelés en anglais

◄ Un jeune phoque tacheté fait surface dans la banquise.

▲ Notez la bande noire en forme de harpe sur le dos gris.

Dimensions

Longueur totale: jusqu'à 195 cm (moyenne, adulte: 170 cm; nouveau-né: environ 85 cm; jeune sevré: environ 115 cm).

Les adultes pèsent en moyenne 135 kg, mais peuvent atteindre 182 kg. Les nouveau-nés pèsent environ 11 kg et les jeunes sevrés, environ 33 kg.

235

bedlamers (déformation de «bête de la mer»), ont une peau tachetée plus serrée. Durant les mues suivantes, certaines taches s'accentuent jusqu'à la formation des bandes noires typiques du pelage adulte, tandis que d'autres taches diminuent ou disparaissent complètement une fois la maturité sexuelle atteinte. Certaines femelles adultes conservent des taches, et leurs bandes restent moins bien définies.

Nage et plongée

À la nage, le phoque du Groenland peut atteindre une vitesse de 30 km/h. Il se nourrit principalement en surface, mais peut plonger à une profondeur de 300 m. Ses plongées, de 5 minutes en moyenne, durent un maximum de 16 à 20 minutes.

▲ Un jeune brasseur réfugié sous une crête de glace.
En médaillon : À la naissance, le poil du blanchon est teinté de jaune par le liquide amniotique.

► Un *bedlamer* (jeune de plus de un an) attentif sur la banquise.

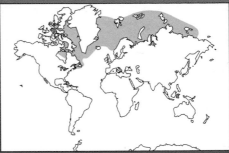

Espèces semblables

On distingue cette espèce des autres par la coloration bien caractéristique de son pelage.

Lorsqu'il se déplace, le phoque du Groenland forme des groupes qu'on
peut voir bondir complètement hors de l'eau comme des dauphins.

Répartition géographique

Le cycle annuel du phoque du Groenland est lié à la formation et à
la fonte du pack. En hiver et au printemps, l'espèce fréquente le pack
du golfe du Saint-Laurent et de l'Atlantique. Avec la fonte des glaces,

elle émigre vers les îles de l'Arctique et pénètre dans les baies et les fjords durant l'été. En septembre, elle commence à migrer vers le sud, atteignant les côtes du Labrador entre octobre et décembre, avant la formation du pack.

En hiver et au printemps, le phoque du Groenland occupe le pack pour la mise bas, l'accouplement et la mue. En été, dans l'Arctique, il se repose sur les glaces flottantes à la dérive, à proximité de l'eau libre.

Alimentation

Le phoque du Groenland se nourrit principalement de poissons vivant en bancs, comme le capelan et le hareng, et de crustacés (krill et crevettes). Il prend aussi de la morue franche, du flétan, de la plie, du sébaste et de l'éperlan. Dans l'Arctique, il capture la morue arctique (saïda) et une variété de petits crustacés.

Comportement social et vocalisations

Les phoques du Groenland sont grégaires et migrateurs. Arrivés dans leurs régions d'hivernage au large de Terre-Neuve et dans le golfe du Saint-Laurent, ils se nourrissent jusqu'à ce que les glaces

soient formées. À la fin de février, les adultes se rassemblent sur le pack pour la période de reproduction. Ils retournent ensuite à l'eau pendant quelques semaines pour se nourrir et ressortent à nouveau sur les glaces pour la mue en avril et mai, formant de vastes rassemblements. Ce sont d'abord les mâles et les jeunes qui forment des groupes distincts. Puis les femelles viennent à leur tour changer de pelage sur le pack. Avec le bris des glaces, les adultes et les jeunes entreprennent leur migration vers le nord. Ils pénètrent dans les eaux de l'Archipel arctique et de la baie d'Hudson en juillet et en août. Les petits se laissent plutôt dériver vers le sud tant qu'ils ont de la glace pour les porter. En mai, ils gagnent enfin le Nord.

Reproduction et soins des jeunes

La femelle donne naissance chaque année à un seul petit, à la fin de février ou au début de mars, après une gestation d'environ 11 mois et demi comprenant une implantation retardée d'environ 3 mois. Elle l'allaite pendant 9 à 12 jours et le quitte ensuite pour s'accoupler. Les mâles atteignent la maturité sexuelle vers l'âge de 7 à 8 ans et les femelles, vers l'âge de 4 à 6 ans. Ces dernières se rassemblent sur le pack pour la mise bas et l'allaitement des petits. Les mâles se tiennent à proximité, prêts à s'accoupler avec les femelles qui ont sevré leurs jeunes. L'accouplement a lieu dans l'eau.

Longévité

À l'état sauvage, quelques individus seulement dépassent l'âge de 35 ans; la plupart n'atteignent pas 25 ans.

Prédateurs et facteurs de mortalité

L'épaulard, le requin du Groenland, l'ours blanc et le morse sont des prédateurs du phoque du Groenland. C'est probablement l'homme qui tue le plus grand nombre de ces animaux, pour leur fourrure. Ce sont les jeunes (brasseurs) de 25 jours à 13 mois qui font l'objet de la chasse en raison de la qualité de leur peau. On les chasse surtout au printemps, sur le pack au large des côtes de Terre-Neuve (le «Front») et celui du golfe du Saint-Laurent au large des îles de la Madeleines, pendant la période de reproduction. Durant l'été dans l'Arctique, on fait la chasse aux jeunes et aux adultes, mais à un moindre degré. Chaque année, dans l'est du Canada, plusieurs centaines à quelques milliers de phoques du Groenland peuvent mourir dans des trappes ou des filets de pêche.

Statut des populations

Il se prenait de 150000 à 300000 phoques du Groenland chaque année entre 1949 et 1982 sur le Front et dans le golfe, dont 80 % de nouveau-nés. La fourrure blanche de ces derniers a longtemps eu une grande valeur sur le marché européen. En 1982, le Parlement européen, sous la pression de groupes anti-chasse, a adopté un moratoire sur l'importation des produits de la chasse aux phoques. Les prises commerciales ont par la suite été réduites à une fraction de leur volume antérieur. La population de phoques du Groenland, qui augmentait déjà dans les années 1970, a atteint environ 5,3 millions d'individus en 2003 et s'est plus ou moins stabilisée à ce niveau depuis.

La chasse a repris en 1996. On en a capturé entre 240000 et 310000 individus par année entre 1996 et 2002, sauf en 2000 qui fut une mauvaise année pour les chasseurs, en raison des conditions de glace peu propices. L'augmentation du nombre de phoques du Groenland depuis les années 1990 et l'importance économique de la chasse pour les gens de Terre-Neuve en particulier a justifié une augmentation des quotas de chasse aux phoques du Groenland à environ 300000 par année. Ce plan de gestion vise à ramener la population à environ 70 % (3,85 millions) du niveau maximum observé. Malgré cette chasse très importante, la conservation de cette espèce ne pose pas de problème. Le phoque du Groenland ne figure sur aucune liste d'espèces en péril.

Anecdote

(*source: les auteurs*)

Nous faisions un survol aérien dans le but d'estimer une population de narvals qui occupent le détroit d'Eclipse entre l'île de Baffin et l'île Bylot dans l'Extrême-Arctique canadien. Les observations de narvals se succédaient tranquillement lorsque soudain nous avons aperçu un troupeau d'une quarantaine d'animaux marsouinant rapidement en rang serré. Étaient-ce des bélugas? La couleur entièrement blanche de la plupart des membres du troupeau le laissait croire mais la forme de leur corps était trop mince… trop fusiforme… et un grand groupe de bélugas qui marsouinent…? Peu probable! Après quelques secondes d'hésitation, nous nous sommes rendus compte de ce que c'était… des phoques du Groenland qui marsouinaient à l'envers, leur ventre blanc en l'air. Ils disparurent aussi vite qu'ils étaient apparus et nous ont laissés perplexes, mais ravis.

◄ Un blanchon délaissé momentanément par sa mère sur la banquise.

◄ p. 238-239: Les adultes se rassemblent sur le pack pour la période de reproduction.

Phoque à capuchon

Famille
des
phocidés

Cystophora cristata

Phoque à crête, dos-bleu (nouveau-né)

Hooded Seal
Crested Seal, Bladder-nosed Seal

Où peut-on l'observer?

On trouve cette espèce dans l'Atlantique Nord, la mer du Labrador, la mer de Baffin, le golfe du Saint-Laurent, le détroit du Danemark et autour des îles Jan Mayen et Spitzberg (situées dans les eaux de l'Arctique entre le Groenland et le continent européen).

Le phoque à capuchon est rarement observé dans les eaux du Québec, à l'exception de la banquise au sud des îles de la Madeleine, en mars. On trouve aussi des troupeaux de quelques centaines de milliers de phoques à capuchon sur la banquise au large de Terre-Neuve et dans le détroit de Davis durant cette période de mise bas et d'accouplement. En été, ces phoques migrent vers les eaux du Groenland. Quelques individus sont observés chaque année le long des côtes orientales de l'île de Baffin. Le phoque à capuchon est réputé pour ses errances, en particulier les jeunes immatures. Des individus se sont retrouvés dans le fleuve Saint-Laurent entre Québec et Montréal. On a observé des individus de cette espèce depuis la côte est des États-Unis jusqu'aux Caraïbes, bien au sud de leur aire de répartition normale. Un animal s'est même retrouvé près de la côte de la Californie.

Caractères distinctifs

L'adulte a le corps gris bleu tacheté de noir (grosses taches dans le dos, plus petites aux extrémités) et sa tête est noire. Le nouveau-né a le dos bleu ardoisé, les côtés et le ventre gris pâle argenté; il conserve ce pelage jusqu'à la mue de l'année suivante. Le mâle possède une courte trompe noire, une membrane flexible appelée capuchon qui s'étend des narines au front et qu'il peut gonfler comme un ballon.

▲ Un jeune sevré cherche refuge auprès d'une autre mère et de son petit.

◄ Notez les pelages distincts de la femelle et de son petit.

Dimensions

Longueur totale: 177 à 350 cm (moyenne, mâle adulte: 250 cm; femelle adulte: 220 cm); nouveau-né: environ 100 cm.

Le mâle adulte pèse en moyenne 300 kg et au maximum 410 kg; la femelle adulte, 160 kg en moyenne et un maximum de 360 kg; le nouveau-né, environ 20 kg, et le jeune sevré, 40 kg.

Nage et plongée

On croit que le phoque à capuchon peut descendre à plus de 1 000 m et rester submergé 50 minutes ou plus. La plupart des plongées atteignent entre 100 et 600 m.

Espèces semblables

On le distingue des autres espèces par sa grande taille et la coloration bien caractéristique de son pelage.

Répartition géographique

Le phoque à capuchon passe plus de temps dans l'eau en hiver qu'en été. Il fréquente alors l'intérieur du pack le long des chenaux formés par les failles de la glace. En été, il gagne les eaux profondes, au large des côtes, et se tient en bordure du pack, sortant de l'eau pour se reposer sur la glace.

Dans les eaux canadiennes, on lui connaît trois zones de rassemblement pour la mise bas et l'accouplement en mars : dans le détroit de Davis, au large de Terre-Neuve et dans le golfe du Saint-Laurent au sud des îles de la Madeleine.

Après la mise bas et l'accouplement, les adultes migrent seuls ou en petits groupes vers la mer du Labrador et le détroit de Davis. La plupart longent ensuite la côte ouest du Groenland jusqu'au cap Farewell, puis suivent la côte est du Groenland vers le nord pour atteindre le détroit du Danemark. C'est là, en juin, que ces phoques remontent sur le pack pour la mue annuelle. D'autres phoques à capuchon demeurent à l'ouest du Groenland pour muer; les phoques du détroit du Danemark y reviennent à partir de la fin de juillet et y demeurent jusqu'à l'automne suivant.

Les petits nouvellement sevrés de leur mère restent une dizaine de jours sur la banquise, puis suivent le même trajet que les adultes. Vers le mois de septembre, bon nombre de ces phoques se mettent à redescendre vers les bancs de Terre-Neuve, où on les observe en novembre. Ils s'y alimentent pendant l'hiver avant de regagner le pack.

Alimentation

Le régime du phoque à capuchon comprend principalement des poissons comme le flétan du Groenland, la morue arctique (saïda) et le capelan. Il se compose aussi de sébastes et de harengs ainsi que de pieuvres, de calmars, de crevettes, de moules et d'étoiles de mer. Ce phoque se nourrit surtout en profondeur, comme l'indique le choix de ses proies.

Comportement social et vocalisations

Les phoques à capuchon sont moins sociables que les autres phocidés. Cependant, comme les phoques du Groenland, ils se rassemblent sur la glace pendant la saison de reproduction et la période de la mue. Leurs rassemblements sur la banquise sont cependant beaucoup moins denses.

À l'époque de la reproduction, les phoques à capuchon forment des groupes bien distincts généralement composés de la femelle, de son petit et d'un ou deux mâles qui se tiennent à proximité. Le mâle et la femelle sont agressifs durant cette période et n'hésitent pas à attaquer l'intrus qui s'aventure trop près. Le mâle, notamment, le menace en enflant son capuchon, espèce de trompe élastique qui, une fois gonflée, double le volume de sa tête et le rend fort impressionnant. Il peut aussi gonfler la cloison qui sépare ses narines en un petit ballon rouge vif. Ses appendices gonflés, le phoque à capuchon

secoue violemment la tête en émettant un tintement bruyant. Si ces parades ne suffisent pas à faire reculer un compétiteur, un combat violent entre les deux mâles peut s'ensuivre et leur valoir de vilaines blessures.

Reproduction et soins des jeunes

La femelle n'a qu'un seul petit par année; elle le met au monde en mars, sur le pack, après une gestation d'environ 11 mois et demi comprenant une implantation retardée d'environ 3 mois. L'allaitement ne dure que 4 jours environ. Durant cette courte période, le nouveau-né prend beaucoup de poids, 7,1 kg par jour en moyenne. La mère quitte ensuite son rejeton pour s'accoupler. Les mâles atteignent la maturité sexuelle entre l'âge de 4 et 6 ans, mais ne s'accouplent vraisemblablement pas avant plusieurs années. Les femelles sont en âge de s'accoupler à 3 ans.

Longévité

La plupart des phoques à capuchon vivent moins de 25 ans à l'état sauvage. La longévité maximale de l'espèce est d'environ 35 ans.

Prédateurs et facteurs de mortalité

L'épaulard est probablement le principal prédateur naturel du phoque à capuchon. On le chasse pour sa peau au printemps sur le pack, au large de Terre-Neuve (le « Front »). On prélevait en moyenne environ 10 000 nouveau-nés (« dos bleus ») par année jusqu'en 1982. Depuis l'interdiction de la chasse aux dos bleus en 1970, les prises sont limitées aux juvéniles et adultes et les captures ont beaucoup diminué. Entre 1996 et 2002, les captures ont rarement dépassé quelques centaines. Il n'y a eu que quelques années records d'environ 10 000 à 25 000 captures à la fin des années 1990. Un certain nombre de phoques à capuchon meurent chaque année coincés dans des trappes ou des filets de pêche.

Statut des populations

En 1990 et 1991, on a évalué la population fréquentant les eaux canadiennes à environ 500 000 individus. On ne chasse plus le nouveau-né sur le Front et l'espèce est entièrement protégée dans le golfe du Saint-Laurent depuis 1970. Au Canada, le phoque à capuchon figure sur la liste des espèces non en péril (évaluation du COSEPAC, 1986).

Anecdote

(source: d'après Lavigne et Kovacs, 1988)

La femelle du phoque à capuchon est prête à tout pour protéger son petit sur la banquise. Certains chasseurs de phoque ont témoigné avec admiration de cette «dévotion sans peur». La mère allaite son petit seulement quelques jours après la naissance. Au cours de cette période, elle est souvent entourée de quelques mâles énormes qui, cherchant à s'accoupler avec elle, exécutent des parades agressives et se battent entre eux, sans égard à la sécurité du petit. La femelle, de taille nettement plus faible que les mâles adultes, ne semble pas avoir de difficulté à les intimider. Elle les attaque sans aucune hésitation pour les tenir hors de portée de son petit. Et ces derniers reculent timidement devant cette furie.

◤ Deux mâles s'affrontent gueule grande ouverte.

◀ Le petit est délaissé par sa mère après environ 4 jours d'allaitement.

◀ p. 244-245: Un mâle attend aux côtés d'une femelle et de son petit.

◀ p. 246-247: Un mâle menace en gonflant son capuchon et sa cloison nasale. En médaillon: Détail du capuchon noir et de la cloison nasale rouge soufflée par une narine.

Phoque annelé

Famille
des
phocidés

Phoca hispida

Phoque marbré

Ringed Seal
Hair Seal, Jar Seal

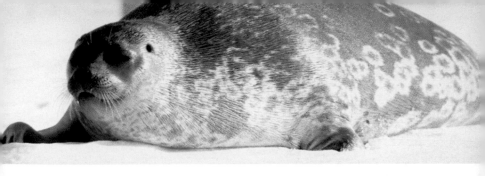

Où peut-on l'observer?

Le phoque annelé est le phoque le plus fréquemment observé dans l'Arctique. On rencontre cette espèce dans l'océan Arctique, l'Archipel arctique, la baie d'Hudson et la mer du Labrador. Une population occupe un grand lac d'eau douce, le lac Nettiling, sur l'île de Baffin. On aperçoit à l'occasion le phoque annelé dans le nord du golfe du Saint-Laurent et sur la côte nord-est de Terre-Neuve. Il s'en trouve une population isolée dans la mer Baltique et, du côté du Pacifique, dans les eaux septentrionales du Japon et dans les mers d'Okhotsk et de Béring.

Au Québec, le phoque annelé est abondant le long des côtes septen-trionales de la baie James et de la baie d'Ungava. On voit parfois des représentants de cette espèce le long de la Basse Côte-Nord, indivi-dus qui proviennent probablement des eaux du Labrador où l'espèce est assez commune. De la même façon, on en observe au nord de Terre-Neuve.

Caractères distinctifs

L'adulte a le museau court, le dos gris foncé couvert d'anneaux pâles et le ventre argenté. Le nouveau-né est entièrement blanc. En vieillis-sant, le jeune devient uniformément gris argenté avec des anneaux pâles nettement définis. Dans l'eau, on reconnaît l'adulte à son pelage argenté.

Nage et plongée

Le phoque annelé peut plonger à 340 m de profondeur et rester immergé 17 minutes, bien qu'il ne demeure normalement sous l'eau qu'environ 3 minutes à la fois. Il nage généralement len-tement mais peut probable-ment atteindre une vitesse de pointe de 10 km/h.

▲ Notez l'oreille dépourvue de pavillon, une caractéristique des phocidés.

◄ Notez les taches du pelage en forme d'anneaux.

Dimensions

Longueur totale: 122 à 165 cm (moyenne, mâle adulte: 138 cm; femelle adulte: légèrement plus petite); nouveau-né: environ 66 cm; jeune sevré: environ 82 cm.

Le mâle adulte pèse en moyenne 68 kg, et son poids maximum est de 113 kg, tandis que la femelle a un poids légère-ment inférieur. Le nouveau-né pèse en moyenne 4,5 kg et atteint 18 kg au sevrage.

Espèces semblables

On le distingue des autres phoques par sa petite taille et son pelage gris marqué d'anneaux bien distincts. Le phoque commun, qui lui ressemble, a des boucles et des anneaux moins nets et son pelage a une coloration jaunâtre ou brune.

Répartition géographique

En hiver, les phoques annelés fréquentent principalement la banquise côtière. On en trouve aussi, bien qu'en plus petit nombre, sur le pack consolidé. En été, ils quittent la vieille banquise morcelée à la recherche de glaces plus stables le long des côtes. À cette époque, il arrive qu'on les voie se nourrir au large, quoiqu'ils cherchent souvent leur nourriture plus près du rivage.

Le phoque annelé passe une bonne partie de l'année à l'abri dans la banquise. Avant de mettre bas, la femelle se creuse un abri dans la neige ou utilise les cavités formées par l'enchevêtrement des glaces. Les nouveau-nés y resteront jusqu'à la rupture de la banquise aux environs de juin. Les femelles, qui allaitent leur petit durant ce temps, accèdent à cet abri par un trou dans la glace. Les mâles aménagent des abris semblables ou entretiennent simplement un trou d'aération. Ce type de gîte est particulier à l'espèce. Pour venir à la surface, ils profitent aussi des fissures formées dans la banquise près du rivage par le jeu des marées.

Alimentation

Le phoque annelé adulte s'alimente principalement de morues arctiques (saïdas) et de chaboisseaux (petits poissons épineux). Les jeunes préfèrent les petits crustacés planctoniques : mysides, amphipodes et crevettes.

Comportement social et vocalisations

Les phoques annelés sont en général solitaires. Les groupes, qu'ils forment sur le bord de la banquise ou le long de fissures dans la glace, répondent davantage à la nécessité de sortir sur la glace qu'à un appel de l'instinct grégaire. Ils se tolèrent par nécessité, voulant tous avoir un accès rapide à l'eau pour s'échapper d'un éventuel ours blanc. À l'automne, des groupes sont parfois observés en mer là où les proies sont concentrées. En hiver, les adultes sont particulièrement agressifs et défendent leur trou de respiration contre les intrus. Durant la saison de reproduction, les mâles émettent une odeur âcre qui aurait pour fonction de marquer leur territoire, mais qui pourrait aussi servir à confondre les prédateurs. Au printemps, alors que la banquise s'amincit et se disloque, les phoques annelés se rassemblent parfois le long des chenaux nouvellement formés et on les voit de plus en plus sur les glaces. La mue annuelle se produit en mai. Durant cette période, l'animal va peu dans l'eau et passe une bonne partie de la journée à se prélasser sur la glace. Il demeure toutefois vigilant, prêt à plonger dans le trou à la moindre alerte. Le cas échéant, il ne remonte sur la glace qu'après s'être sorti la tête à quelques reprises pour inspecter les alentours.

On peut entendre les phoques annelés pousser des grognements, des jappements et des glapissements.

Reproduction et soins des jeunes

La femelle donne naissance à un seul petit par année en mars ou en avril, après une gestation de 12 mois comprenant une implantation retardée d'environ 3 mois. L'accouplement a lieu peu après la mise bas. L'allaitement peut durer entre 1 mois et demi et 2 mois, jusqu'à la rupture de la banquise. La femelle se sépare alors de son

◀ Un nouveau-né dans sa tanière dont le toit de neige s'est effondré.

▶ p. 254 : Un phoque annelé nage sous la banquise fixe à la recherche d'une proie.

petit. Mâles et femelles atteignent la maturité sexuelle vers l'âge de 5 à 7 ans. Les mâles ne forment pas de harem au moment de la reproduction ; ils visitent vraisemblablement les femelles solitaires installées dans leur abri.

Prédateurs et facteurs de mortalité

L'ours blanc est le prédateur principal du phoque annelé. Sa répartition géographique et sa survie sont largement déterminées par la présence et le nombre de ces phoques. Le renard arctique s'attaque parfois aux nouveau-nés et le morse se nourrit aussi à l'occasion d'adultes ou de jeunes. La viande du phoque annelé représente l'une des principales sources de nourriture des Inuits. Ceux-ci vendent les peaux à des traiteurs de fourrures ou les utilisent localement dans la confection d'anoraks, de culottes, de mitaines et de bottes. Autrefois, la peau servait aussi à fabriquer des kayaks.

Longévité

La longévité maximale est de 43 ans mais la majorité des phoques annelés ne dépassent pas l'âge de 20 ans à l'état sauvage.

Certaines années, les jeunes phoques sont surpris par un dégel hâtif de leur abri de neige et de glace, qu'ils doivent quitter avant d'avoir terminé leur pleine croissance ou par une pluie verglaçante qui les emprisonne dans la tanière. On a observé une baisse de la condition générale et du taux de reproduction des ours blancs de l'ouest de la baie d'Hudson et l'on suppose que cette situation est reliée à une diminution du nombre de phoques annelés. On note en effet depuis

quelques années, en raison des changements climatiques, une réduction de quelques semaines de la saison de couverture de glace dans cette région.

Statut des populations

Bien qu'on n'en connaisse pas le nombre exact, on croit que les eaux du Nord canadien abritent plus d'un million de phoques annelés et il est plus que probable que ce nombre soit de beaucoup inférieur à la véritable population totale. La chasse que leur font les résidents du Nord canadien est importante : plus de 50 000 à 65 000 captures par année au cours des années 1980. On a jugé que cette exploitation était soutenable. Le nombre de prises de phoques annelés a diminué quelque peu depuis que le marché des fourrures s'est effondré vers la fin des années 1980.

On a noté des années où la condition physique des femelles était pauvre et leur taux de reproduction plutôt faible. Ce phénomène semble cyclique. Dans la baie d'Hudson et ailleurs dans l'Arctique, on s'inquiète aussi des effets du réchauffement climatique sur la survie des nouveau-nés, compte tenu que leurs tanières de neige disparaissent avant le sevrage des jeunes lorsque le temps est inhabituellement chaud. Des phoques annelés meurent à l'occasion empêtrés dans des filets de pêche. L'espèce figure sur la liste des espèces non en péril au Canada (évaluation du COSEPAC, 1989).

Anecdote

(source : les auteurs)

*L*a première fois que nous avons été invités à un banquet dans un village inuit, nous ne savions pas à quoi nous attendre mais rien ne nous avait préparé à ce que nous allions y voir. Arrivés dans la salle communautaire, nous y avons trouvé pratiquement le village entier, des plus vieux aux plus jeunes ; tous attendaient l'arrivée du festin. Au bout de quelques minutes, plusieurs carcasses de phoques annelés gelées sont déposées sur le plancher. Des chasseurs désignés avaient récolté ces phoques le jour même sur le rebord de la banquise. Avec une hachette, ils se mirent à dépecer la viande gelée morceau par morceau et à la distribuer à tout le monde. En mâchonnant nos morceaux de viande gelée, nous nous sommes mis à songer que, sans les mammifères marins et particulièrement le phoque annelé, les Inuits n'auraient pas pu survivre dans cet environnement hostile. Ils ont appris à pallier l'absence de fruits et de légumes, sans compter la rareté des combustibles, en adoptant un régime de viande crue, plus riche en vitamines hydrosolubles que la viande cuite. Nous avions beau les admirer pour ça, nous nous sommes quand même promis que la prochaine, fois nous apporterions une bouteille de sauce soya !

Phoque barbu

Famille des phocidés

Erignathus barbatus

Phoque à barbe

Bearded Seal
Square Flipper, Sea Hare

Où peut-on l'observer?

La répartition du phoque barbu est circumpolaire. On trouve cette espèce dans l'océan Arctique, l'Archipel arctique canadien, la baie d'Hudson et la mer du Labrador.

Au Québec, le phoque barbu est observé le long des côtes du Nunavik (Nord québécois), de la baie James à la baie d'Ungava. Il est aussi abondant au Labrador. Seuls quelques individus apparemment égarés ont été vus plus au sud, soit à Terre-Neuve ainsi que dans le golfe et dans l'estuaire du Saint-Laurent.

Caractères distinctifs

L'adulte a un pelage gris foncé presque noir; le jeune est gris argenté; le nouveau-né a le corps gris brun tacheté de blanc, la face et le sommet de la tête d'un blanc plus pâle. On le reconnaît à son museau large, orné de longues moustaches blanches. Son dos est visible lorsqu'il nage; en plongeant, il arque le dos et montre ses nageoires postérieures (pose caractéristique de cette espèce). Ses nageoires pectorales carrées lui valent en anglais le surnom de *square-flipper* et le distinguent des autres espèces.

Nage et plongée

Lorsqu'il plonge, le phoque barbu arque le dos et sort ses nageoires postérieures de l'eau pour se laisser couler verticalement vers le fond. Bien qu'il puisse plonger jusqu'à près de 300 m, il préfère les hauts-fonds de moins de 50 mètres de profondeur. Ses plongées durent généralement entre 2 et 4 minutes (max. 19 minutes). C'est un nageur relativement lent, peu enclin aux prouesses observées chez d'autres espèces de phoques.

▲ La femelle donne naissance à un seul petit, en avril ou mai.

◄ Ses longues vibrisses blanches lui valent le nom de phoque barbu.

Dimensions

Longueur totale moyenne, mâles et femelles adultes: 230 cm (max. 253 cm); nouveau-nés: environ 130 cm; jeunes sevrés: environ 150 cm.

Mâles et femelles adultes pèsent en moyenne 250 kg (max. 360 kg), les nouveau-nés, 45 kg, et les jeunes sevrés, 90 kg.

Espèces semblables

On le différencie des autres phoques par sa tête, petite en proportion du corps, ses longues moustaches blanches et la forme carrée de ses nageoires pectorales.

Répartition géographique

Le phoque barbu préfère le pack clairsemé et les eaux libres peu profondes et évite en général la banquise côtière, bien qu'il puisse à l'occasion y passer l'hiver en maintenant ouverts des trous de respiration. Il est généralement sédentaire. Ses déplacements sont surtout liés à l'état des glaces. Dans certaines régions, cependant, les glaces se déplacent sur de longues distances, emportant avec elles les phoques qui y ont trouvé refuge.

En hiver, le phoque barbu se repose généralement sur les glaces non consolidées flottant à la dérive dans des eaux peu profondes. Il lui arrive parfois de se laisser emprisonner par l'accumulation des glaces en mouvement, ce qui le force à entretenir un trou de respiration comme le phoque annelé. Durant l'été, avec le dégel, le phoque barbu se repose sur les bancs de sable et les récifs et se nourrit sur les hauts-fonds avoisinants.

Alimentation

Le régime alimentaire de cette espèce comprend principalement des animaux des fonds marins : mollusques bivalves, comme la coque, gastéropodes, tels que le buccin, concombres de mer et pieuvres. S'ajoutent à son ordinaire d'autres invertébrés, tels des crevettes, des crabes et des vers marins (polychètes), ainsi que des poissons comme la morue arctique (saïda), le lançon et le chaboisseau. On pense que ses longues moustaches sensitives lui servent à détecter ses proies et qu'il se sert de ses grosses nageoires carrées garnies de solides griffes pour dégager sa nourriture du fond de l'eau. On en a vu déplacer des roches avec le museau à la recherche de nourriture.

Comportement social et vocalisations

Habituellement solitaires, les phoques barbus forment parfois des petits groupes durant la saison de reproduction et, peu après, au temps de la mue. Les mâles adultes se tiennent alors autour des femelles et sont assez agressifs entre eux. De mars à juin, ils émettent sous l'eau de remarquables chants modulés en cascades. Ces chants, qui peuvent porter jusqu'à 30 km, serviraient à signaler leur présence aux femelles et à délimiter leur territoire. Au printemps, on peut clairement entendre ces sons à travers la glace si on se couche dans un iglou sur la banquise.

On observe souvent le phoque barbu seul sur un morceau de glace. Lorsqu'il partage un espace avec un autre individu (rarement plus), chaque animal s'oriente de façon à faire face à l'eau, prêt à s'y jeter pour échapper à un ours blanc ou à un chasseur éventuel.

Reproduction et soins des jeunes

La femelle donne naissance chaque année ou à tous les deux ans à un seul petit, en avril ou mai, après une gestation d'environ 11 mois et demi comprenant une implantation retardée de 2 mois et demi. Tout comme le phoque commun, le nouveau-né peut suivre sa mère dans l'eau peu après sa naissance. La mère allaite pendant 12 à 18 jours, puis quitte son petit. Les accouplements ont lieu surtout de la mi-avril à la mi-mai. Le mâle atteint la maturité sexuelle vers l'âge de 6 ou 7 ans; les femelles, entre 4 et 6 ans.

Prédateurs et facteurs de mortalité

L'épaulard s'attaque parfois au phoque barbu, mais l'ours blanc demeure son principal ennemi. Les chasseurs inuits le capturent pour sa peau robuste avec laquelle ils fabriquent des lignes de harpon, des fouets, des attelages à chiens et des semelles de bottes. Ils s'en servaient aussi autrefois pour construire des kayaks et des canots (umiaks). La viande fait partie de l'alimentation des Inuits et sert également à nourrir les chiens. On évite toutefois de consommer le foie de cet animal dont les fortes concentrations en vitamine A peuvent causer un empoisonnement.

Longévité

La plupart des phoques barbus ne vivent pas plus de 20 ans. La longévité maximale de cette espèce est de 30 ans.

Statut des populations

On estime à environ 100 000 le nombre de phoques barbus dans les eaux canadiennes. La population mondiale de cette espèce compterait plusieurs centaines de milliers d'animaux. Il n'y a aucune indication que le nombre de phoques barbus ait changé substantiellement au cours des dernières décennies, bien qu'on ne dispose d'aucune évaluation précise de leurs populations. L'espèce, qui est peu chassée, figure sur la liste des espèces non en péril au Canada (évaluation du COSEPAC, 1994).

Anecdote

(source: les auteurs)

Nous naviguions lentement vers une rive de l'estuaire de la Winisk, rivière du nord de l'Ontario qui se jette dans la baie d'Hudson. La marée baissait rapidement et nous prenions soin de ne pas frapper les roches affleurantes lorsque, du coin de l'œil, il nous a semblé voir une grosse pierre rouler à l'eau…!? Curieux, nous avons ralenti pour voir ce qui avait causé ces éclaboussements. Un phoque fit surface loin derrière notre embarcation et nous regarda quelques instants avant de replonger en frappant la surface de l'eau avec ses nageoires caudales. Il refit surface plusieurs fois pour nous regarder, s'approchant à chaque fois un peu plus près, sa curiosité l'emportant sur la prudence. Nous pensions simplement être en présence d'un phoque commun, ce qui nous semblait plausible pour l'endroit, mais son museau large et ses moustaches blanches nous en ont dissuadés. Il s'agissait d'un phoque barbu! Au cours de la semaine qui suivit, nous en avons vu plusieurs autres dans le même estuaire. Il nous semblait étrange de voir ici cette espèce qu'on rencontre habituellement en eau salée et plus au nord de la baie d'Hudson et dans l'Archipel arctique. Il est clair qu'il reste encore bien des choses à apprendre sur la répartition des phoques de l'Arctique.

▲ Le phoque barbu est habituellement solitaire.

◄ La femelle quitte son petit après l'avoir allaité de 12 à 18 jours.

◄ p. 259 : Notez la nageoire pectorale carrée et la tête petite en proportion du corps.

Morse

Famille
des
odobénidés

Odobenus rosmarus

Cheval de mer

Walrus
Sea Horse

Où peut-on l'observer?

Cette espèce se rencontre surtout dans l'Archipel arctique canadien, la baie d'Hudson, les détroits d'Hudson et de Davis, la mer de Baffin, ainsi que dans les mers de Béring et des Tchouktches. De petites populations existent aussi dans les eaux de l'est du Groenland, autour des îles des archipels du Svalbard, François-Joseph et Novaïa Zemlya, ainsi que dans la mer de Barents.

Dans les eaux baignant le Québec, le morse est surtout observé au large des côtes du Nunavik (Nord québécois), particulièrement en août et septembre sur les îles Akpatok, Nottingham et Salisbury. Quelques individus sont vus à l'occasion au Labrador, à Terre-Neuve et dans le golfe du Saint-Laurent qui faisaient jadis partie de l'aire de répartition de l'espèce avant la chasse commerciale qui les a décimés.

Caractères distinctifs

Le morse a une peau épaisse de couleur brun noirâtre ou beige rosé, plus ou moins couverte de poils clairsemés. Son museau très large est orné d'épaisses moustaches et il porte deux grosses canines ou défenses blanches. Ces défenses apparaissent très tôt chez les jeunes morses et croissent sans interruption, bien que moins rapidement avec l'âge, atteignant 40 cm chez les vieilles femelles de l'Arctique canadien et 45 cm chez les vieux mâles. Les défenses s'usent peu à peu et il n'est pas rare qu'elles soient cassées. Les membres postérieurs peuvent s'orienter vers l'avant et sous l'axe du corps comme chez les otaries. Cependant, le morse, à cause de son poids, n'a pas l'agilité de ces dernières; il se déplace un peu à la manière des phoques.

▲ La glace permet aux morses de se reposer entre les plongées.

◄ Notez les longues défenses et la peau épaisse et glabre de ce gros mâle.

Dimensions

Longueur totale moyenne, mâle adulte: 306 cm (max. 360 cm); moyenne, femelle adulte: 260 cm (max. 310 cm); nouveau-né: environ 122 cm; jeune sevré: environ 204 cm.

Le mâle adulte pèse en moyenne 900 kg (max. 1 400 kg) et la femelle, 560 kg (max. 800 kg). À la naissance, le nouveau-né pèse environ 54 kg. Il atteint 340 kg une fois sevré.

Le morse réduit considérablement l'irrigation sanguine de son épiderme lorsqu'il est dans l'eau. À l'air libre, lorsqu'il fait froid, sa peau a un aspect terne, délavé. S'il survient une hausse de la température ambiante, elle redevient rapidement rose sous l'effet du rétablissement de la circulation normale dans l'épiderme.

Espèces semblables

Sa forte taille, son pelage clairsemé et ses longues défenses le distinguent des autres pinnipèdes.

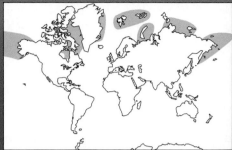

Nage et plongée

Le morse peut rester sous l'eau plus de 40 minutes et descendre au moins jusqu'à une centaine de mètres de profondeur. La plupart du temps, il plonge sur des fonds de 10 à 50 m et reste submergé de 5 à 10 minutes. Les morses flottent mal ; ils ont plutôt tendance à couler, ce qui les aide probablement à se maintenir au fond pour se nourrir. Cependant, lorsqu'ils veulent se maintenir à la surface, ils remplissent d'air des vessies gonflables logées dans leur cou.

Répartition géographique

Le morse fréquente surtout les eaux peu profondes de l'Arctique, où il peut trouver sur le fond les mollusques et autres organismes dont il se nourrit. On le trouve rarement dans des eaux de plus de 100 m de profondeur. Il se tient en bordure de la banquise côtière en hiver et sur le pack le reste de l'année. Lorsque le dégel le prive de glaces, il se réfugie à terre, sur des îles ou des îlots familiers.

La glace joue un rôle essentiel dans la vie du morse en lui assurant, presque toute l'année, une plate-forme où il peut se reposer entre les plongées. Il lui arrive, en hiver, de maintenir ouvert un trou de respiration dans la glace de la banquise en se servant de sa tête et de ses défenses. En été, il se repose sur des îlots rocheux ou des plages de sable ou de gravier.

Le morse est sédentaire dans certaines régions comme le bassin Foxe au sud de l'île de Baffin, dans le sud-est de la baie d'Hudson ou dans l'archipel Arctique, où il réside toute l'année. Ailleurs, dans le nord de la baie d'Hudson et dans le détroit de Davis, il a tendance à être migrateur. On connaît peu de choses sur ces migrations sauf qu'elles semblent se produire d'est en ouest au printemps et à l'inverse à l'automne. Ainsi, les morses du nord de la baie d'Hudson sont probablement les mêmes

◄ Le morse gonfle les vessies natatoires de son cou pour flotter à la surface.

qui apparaissent dans la baie d'Ungava et sur les îles du sud-est de l'île de Baffin à l'automne. Un chercheur a posé l'hypothèse que les morses qui passent l'été du coté ouest du détroit de Davis pourraient être les mêmes qu'on retrouve près des côtes de l'ouest du Groenland en hiver.

Alimentation

Le morse se nourrit principalement de mollusques bivalves comme des coques, des myes et des moules, qu'il trouve en fouillant le fond avec son museau. Ses longues vibrisses sensitives lui permettent de détecter les mollusques dans la vase. Quand il en a repéré un, il le saisit entre ses lèvres et en aspire la chair par succion avec sa bouche. Il mange aussi des buccins, des concombres de mer, des vers marins et de petites morues arctiques (saïdas). Les Inuits racontent que certains individus, reconnaissables à leurs défenses teintées par le gras de leurs proies, s'attaquent à d'autres mammifères marins plutôt qu'aux mollusques. Ils en ont aussi observé se nourrissant sur des carcasses de mammifères marins. On trouve ainsi dans l'estomac de certains morses des lambeaux de chair et de gras de phoque annelé, de phoque barbu, de narval ou de béluga. La marée n'influe pas sur les périodes de repos ou d'alimentation du morse, mais le climat semble jouer un rôle; c'est en effet par temps calme et ensoleillé, surtout l'été, que l'on observe de grands groupes d'animaux étendus sur la banquise ou dans des échoueries sur la côte.

Comportement social et vocalisations

On observe rarement un morse tout seul hors de l'eau. Les morses sont en effet grégaires et s'entassent les uns contre les autres sur les glaces flottantes. Il existe parfois une importante ségrégation des animaux selon leur âge et leur sexe. On distingue ainsi des groupes composés uniquement de mâles adultes ou de femelles accompagnées de leurs petits. Au printemps, les gros mâles suivent les femelles en chaleur. Ces mâles émettent sous l'eau des bruits qui ressemblent à des cognements ponctués de sons de cloches. Par ces vocalisations, ils signifient leur présence aux femelles ainsi qu'aux autres mâles, concurrents potentiels. Les poursuites et les combats entre mâles sont fréquents à cette époque.

Lorsque les glaces ont fondu, en juillet ou en août, les morses se réunissent en troupeaux de plusieurs centaines à quelques milliers d'individus en des endroits bien précis que les Inuits nomment *uglit*. C'est là, sur des îlots rocheux ou des plages de sable ou de gravier, qu'a lieu la mue annuelle. Les morses passent alors une grande partie de leur temps à se reposer, n'interrompant leur sommeil que lorsqu'un nouveau venu tente de se frayer un chemin au sein du groupe. Dans un groupe, le statut hiérarchique de chaque animal est fonction de sa taille et de la longueur de ses défenses. Les plus gros animaux se tiennent souvent au centre, entourés des jeunes. Les nouveau-nés partagent l'emplacement de leur mère. Pour éviter de se faire écraser, ils cherchent parfois refuge sur son dos. Dans l'eau, les morses sont plus actifs. Ils passent une partie de leur temps à se disputer en jouant.

Reproduction et soins des jeunes

La femelle donne naissance à un seul petit tous les 3 ans. Celui-ci vient au monde vers la mi-mai, après une gestation d'environ 12 mois et demi comprenant une implantation retardée d'environ 3 à 4 mois. La

---

▲ Pour ne pas se faire écraser, un petit trouve refuge sur le dos de sa mère.
◀ Deux gros morses se disputent une place de choix sur l'échouerie.

mise bas a lieu sur la glace. La mère allaite pendant 18 mois et ne s'accouple que l'année suivante. Les liens entre elle et le jeune peuvent se maintenir au-delà de la période d'allaitement, soit jusqu'à l'arrivée du prochain nouveau-né. L'accouplement a lieu en hiver ou au début du printemps, entre janvier et avril ou mai selon les populations. Le mâle atteint la maturité sexuelle à l'âge de 6 ans, mais ne s'accouple probablement pas avant l'âge de 15 ans. La femelle atteint la maturité sexuelle entre 5 et 12 ans.

Longévité

Le morse peut vivre plus de 30 ans mais, en général, il ne dépasse probablement pas l'âge de 20 ans.

Prédateurs et facteurs de mortalité

L'ours blanc et l'épaulard s'attaquent parfois aux morses, particulièrement aux jeunes. Les adultes s'avèrent en effet des adversaires redoutables. Les Inuits les chassent principalement pour la viande. La majorité des prises ont lieu en été, et on enterre une bonne partie de la viande sous des amas de gravier pour la laisser vieillir jusqu'à ce qu'elle soit plus tendre. On récupère la viande en hiver pour la distribuer dans les villages, où elle est très prisée. La vente des défenses en ivoire est permise si celles-ci proviennent de cette chasse de subsistance. L'exportation de l'ivoire est également réglementée. Autrefois, la peau gelée servait à fabriquer des patins de traîneaux à neige.

Statut des populations

Le morse a été surexploité dans la majeure partie de son aire de distribution, tout particulièrement dans la partie sud. Alors qu'on le trouvait autrefois jusqu'à l'île de Sable, au large de la Nouvelle-Écosse, et aux îles de la Madeleine, on ne le rencontre à peu près plus aujourd'hui que dans l'Arctique. Dans l'Arctique canadien, on estime le nombre de morses à une dizaine de milliers d'individus. La population des morses de l'Arctique figure sur la liste des espèces non en péril (évaluation du COSEPAC, 1987) mais celle de l'Atlantique est considérée comme disparue du pays (évaluation du COSEPAC, 2000). Il semble que quelques individus provenant vraisemblablement de l'Arctique soient observés à l'occasion dans les eaux du golfe du Saint-Laurent, mais il n'y a aucune raison de croire que le morse soit en voie de rétablissement dans son ancienne aire de répartition dans l'Atlantique Nord-Ouest.

Anecdote

(source : Jack Orr, tel que conté à l'un des auteurs)

Nous observions de loin une centaine de morses se prélasser sur une île de roche lorsqu'un ours blanc fit soudainement apparition, provoquant un stampede de mastodontes vers l'eau. Dans leur panique, ils se jetèrent littéralement devant eux cherchant à gagner l'eau. Une fois dans l'eau, les morses se rassemblèrent un peu plus loin au large pour observer l'ours. Lorsqu'il devint évident que l'ours n'était plus à portée, et sans doute étant confiants de leur agilité dans l'eau, le calme se rétablit dans le troupeau et les morses se mirent patiemment à attendre son départ. Certains entreprirent de plonger sans doute pour s'alimenter au fond. D'autres gonflèrent leurs vessies et se mirent à flotter comme des bouchons, somnolant les yeux fermés. Nous pouvions voir les femelles tenir tendrement leur petit dans leurs bras. Au bout de quelques heures, les morses, persuadés de la disparition de l'ours se remirent tranquillement à repeupler la petite île et à se prélasser au soleil, non sans quelques chicanes et coups de défenses pour savoir à qui reviendrait le meilleur coin de roche plate.

◄ S'il fait chaud, l'irrigation sanguine augmente et la peau devient rose.

Annexes

Ours blanc

Famille
des
ursidés

Ursus maritimus

Ours polaire

Polar Bear

Où peut-on l'observer?

Cette espèce circumpolaire se retrouve dans le nord de l'Amérique du Nord ainsi que dans l'extrême-nord de l'Europe et de l'Asie. Dans l'est du Canada, on l'observe dans l'Archipel arctique, sur les rives de la baie d'Hudson et de la baie James, du nord du Québec, du Labrador et de Terre-Neuve.

Caractères distinctifs

Le pelage de cet ours apparaît blanc crème, jaunâtre ou blanc argenté selon les saisons et les conditions de lumière. Il a le museau, les griffes, les lèvres, la langue et la peau noirs. L'épaisseur de son pelage et une abondante couche de gras corporel lui permettent d'affronter les froids les plus vifs et de progresser dans l'eau glaciale sans souffrir d'hypothermie. On peut considérer ses oreilles courtes comme une autre adaptation au froid polaire. Ses griffes acérées, d'une longueur de 5 à 7 cm chez l'adulte, ne sont pas rétractiles et ses pattes antérieures, larges comme des avirons et partiellement palmées, constituent une adaptation à la nage. La plante de ses pieds est couverte de petites protubérances et cavités qui agissent comme des ventouses et l'empêchent de glisser sur la glace.

Dimensions

Longueur totale: 150 à 300 cm; queue: 7,5 à 13 cm; oreilles: 9 à 15 cm; pieds: 25 à 40 cm; hauteur à l'épaule: 120 à 160 cm.

Les adultes pèsent de 345 à 500 kg. Certains mâles peuvent atteindre 700 kg, confirmant le fait que l'ours blanc soit le plus gros carnivore terrestre. Plus petites, les femelles atteignent environ les deux tiers du poids et de la taille des mâles. Le poids des nouveau-nés varie de 680 à 900 g.

Nage et plongée

L'ours blanc est actif de jour comme de nuit. On l'observe souvent loin des côtes. Ce mammifère marin peut au besoin nager plusieurs heures de suite pour se déplacer d'une plaque de glace à une autre. Se propulsant à l'aide de ses pattes antérieures, les pieds servant de gouvernail, il nage parfois à plus de 11 km/h, plonge sous la glace et reste sous l'eau jusqu'à 2 minutes. Sur la terre ferme, l'ours blanc peut parcourir une distance de 20 km ou plus par jour. Malgré son allure nonchalante et sa démarche plantigrade, il peut courir à une vitesse de 25 à 35 km/h sur de courtes distances.

Espèces semblables

On le distingue des huit autres espèces d'ours par la teinte blanche de son pelage, son cou allongé, ses longues pattes, sa tête plutôt petite et l'absence de bosse au niveau des épaules.

◄ *Ursus maritimus*, l'ours de la mer, est dans son élément sur la banquise.

Répartition géographique

Comme l'indique son nom scientifique, l'ours blanc est typiquement maritime. Son habitat privilégié est une banquise consolidée et fixe où il lui est plus facile de capturer sa proie principale, le phoque. Cet habitat se retrouve généralement à moins de 300 km des côtes et dans l'embouchure des baies. En hiver, l'ours blanc fréquente les banquises à proximité de l'eau libre. Avec la fonte des glaces, il se rapproche de la terre ferme. On peut le voir le long des côtes ou sur les glaciers et les collines rocailleuses près de la mer, particulièrement sur certaines îles. Dans certaines zones, comme la mer de Beaufort, les ours blancs effectuent de longues migrations dans l'axe nord-sud suivant la limite du pack. Au printemps, des ours sont parfois emportés par le pack à travers le détroit de Belle Isle et se retrouvent dans le golfe du Saint-Laurent jusqu'à la hauteur de l'île d'Anticosti.

En été, l'ours blanc se repose dans des trous creusés dans la neige ou dans le sol, à l'abri du soleil et des insectes. En novembre, les ourses gestantes se réfugient dans une tanière creusée dans un banc de neige ou un amoncellement de glace et généralement située à moins de 8 km des côtes. Ces tanières peuvent comprendre une seule chambre reliée par un court tunnel ou constituer des structures complexes de plusieurs chambres et tunnels. Les femelles gravides y passent l'hiver dans un sommeil léthargique, leur température corporelle pouvant s'abaisser de quelques degrés. Elles resteront sans manger pendant plusieurs semaines, subsistant à même leurs réserves corporelles. Elles mettent bas dans la tanière et restent cachées jusqu'en mars ou avril. La plupart des juvéniles, des mâles adultes et des femelles non gestantes demeurent actifs tout l'hiver, s'abritant à l'occasion dans une tanière temporaire.

Alimentation

En hiver, l'ours blanc se nourrit surtout de phoques annelés, de phoques barbus et de phoques communs, de jeunes morses et de poissons. En été, il se repaît aussi de charogne (baleines échouées), de lemmings, d'oeufs et d'oiseaux aquatiques, d'algues et d'invertébrés marins, de baies et de plantes herbacées. L'ours blanc localise sa nourriture grâce à un odorat particulièrement bien développé et une vue relativement bonne. Il capture les jeunes phoques en défonçant l'abri aménagé par leur mère sous la neige et chasse les adultes étendus sur la banquise en s'approchant d'eux furtivement. Il lui arrive de rester à l'affût sur la glace près d'un trou de respiration et d'attendre qu'un phoque s'y présente. Son pelage blanc lui procure un camouflage sans égal sur la neige et la glace. Contrairement à la croyance populaire, on n'a jamais vu d'ours blanc en liberté se couvrir le museau avec une patte lorsqu'il est à l'affût, pour mieux se cacher. Il tue habituellement ses victimes d'un puissant coup de patte, mais peut aussi attraper des

► Cet ours blanc vient de capturer un jeune morse.
► p. 276 : En été, l'ours patrouille les plages à la recherche de nourriture.

phoques, des oiseaux ou des poissons en eau libre, en les saisissant avec ses mâchoires. Une carcasse de phoque lacérée et dépouillée de sa graisse est un signe de son passage. L'estomac de l'ours blanc adulte peut contenir jusqu'à 70 kg de nourriture.

Comportement social et vocalisations

L'ours blanc mène une vie solitaire, sauf pendant le rut, période pendant laquelle les mâles s'approchent des femelles et les mères élèvent leurs petits. Entre la fin de juin et la fin de juillet, lorsque la glace se fait rare, on note des rassemblements d'ours blancs à certains endroits le long des côtes. On a déjà observé une quarantaine d'ours autour d'une carcasse de baleine échouée. Les femelles accompagnées de petits de moins d'un an ont tendance à éviter la compagnie des mâles adultes, pour prévenir toute prédation possible à leur endroit.

Comme tous les jeunes carnivores, les oursons passent beaucoup de temps à jouer. Poursuites, combats ludiques et pirouettes favorisent leur développement physique et leur apprentissage. Les affrontements entre mâles adultes prennent la forme de combats féroces où les animaux se dressent sur leurs pattes de derrière et cherchent à mordre la nuque de leur adversaire.

Les ours blancs ont un répertoire vocal plutôt limité. Les adultes émettent des grognements et des soufflements lors des interactions agressives et les jeunes émettent des couinements et des gémissements pour attirer l'attention de leur mère.

Reproduction et soins des jeunes

L'accouplement a lieu entre mars et juin. Un mâle peut copuler avec plusieurs femelles ou une seule au cours d'une même saison. Les mâles localisent les femelles en chaleur en suivant l'odeur qu'elles dégagent. Les femelles n'ont qu'une portée (de 1 à 4 petits; 2 en moyenne) tous les 2 ou 3 ans. La durée de la gestation est de 195 à 265 jours et les petits naissent en décembre ou janvier. Une fois fécondés, les ovules (blastocytes) restent à l'état dormant pendant plusieurs mois. Comme chez l'ours noir, ils ne s'implantent dans la paroi de l'utérus et ne se développent effectivement qu'au cours des 10 dernières semaines de la gestation. Aveugles, peu développés et couverts d'un duvet blanc à la naissance, les oursons croissent rapidement, nourris du lait maternel dont la teneur en matières grasses (31 %) est légèrement moindre que celle des baleines et des phoques. Ils ouvrent les yeux vers l'âge de six semaines. À la fin de mars ou au début d'avril, au moment où ils quittent leur tanière natale, leur poids atteint déjà 10 à 15 kg. Les oursons restent avec leur mère pendant environ 30 mois. Au cours de cette période, ils découvrent progressivement leur domaine vital et perfectionnent leurs techniques de chasse. Ils atteignent la maturité sexuelle entre 4 et 7 ans.

Prédateurs et facteurs de mortalité

Mis à part l'homme, l'ours blanc a peu d'ennemis. Il est parfois victime d'un gros morse ou d'un épaulard. Dans l'Arctique, il est chassé à des fins de subsistance par les Inuits et les Amérindiens, qui en apprécient la fourrure et la chair. Au Canada, environ 600 ours blancs sont ainsi tués annuellement à des fins de subsistance. Une quinzaine d'ours sont également tués par des chasseurs guidés par des Inuits. Les déversements de pétrole qui peuvent survenir dans l'habitat de l'espèce et la pollution par des composés organochlorés, qui s'accumulent dans les graisses et les organes internes, sont des causes de mortalité.

Longévité

En milieu naturel, sa longévité moyenne est de 15 à 20 ans. En captivité, l'ours blanc peut vivre près de 40 ans.

Statut des populations

Depuis 1973, l'Accord sur la conservation des ours blancs (polaires) touchant tous les pays du cercle polaire assure la protection de l'espèce en interdisant la chasse à partir d'aéronefs et de grandes embarcations ainsi que dans les endroits où celle-ci ne fait pas l'objet d'une chasse traditionnelle. Les pays signataires s'engagent également à protéger les zones de mise bas et d'alimentation ainsi que les routes migratoires. Cet accord favorise aussi les échanges d'information et la gestion concertée de l'espèce.

Selon les estimations, la population mondiale d'ours blancs oscille entre 22 000 et 27 000 individus répartis en 14 populations distinctes qui ont peu d'échanges entre elles. De ce nombre, environ 15 000 se retrouvent au Canada, entre le Yukon et le Labrador et de l'île Ellesmere à la baie James. Dans le monde, le statut de l'espèce est jugé « à faible risque ». Au Canada, on considère l'espèce comme « préoccupante » (évaluation du COSEPAC, 2002) et au Québec, elle est « susceptible d'être désignée menacée ou vulnérable ». Les chercheurs s'accordent pour dire que le réchauffement planétaire provoquera une réduction graduelle du couvert de glace et de l'habitat de l'ours blanc, entraînant à long terme une réduction des populations.

Anecdote

(source: les auteurs)

Notre collègue Malcolm Ramsay nous a conté l'anecdote suivante qui lui est arrivée peu de temps avant de périr dans un accident d'hélicoptère non loin de l'endroit en question : «Au retour d'une expédition de recherche de traces de prédation par les ours blancs à des tanières de phoques annelés sur la banquise, nous avons aperçu des masses couleur sang au loin sur la glace. Étrange, il faut aller voir ça ! En nous approchant en hélicoptère, nous avons compris ce qui s'était produit. Des bélugas étaient pris dans la banquise et n'avaient réussi à maintenir que deux trous de respiration où ils grouillaient à la surface. Ils avaient attiré une demi-douzaine d'ours blancs qui avaient mis à profit cette manne remontée de la mer. Ces derniers avaient réussi à en tirer plusieurs sur la glace et s'en étaient gavés. Les restes sanguinolents de ce festin gargantuesque étaient encore là figés sur la glace. Les ours avaient de toute évidence trop mangé parce qu'ils avaient de la difficulté à se déplacer tant ils étaient alourdis. Un dîner comme ça vaut des dizaines de phoques annelés ! »

L'ours blanc peut atteindre 11 km/h à la nage.
Jeune ours intrigué par la présence d'un photographe.

Homme

Famille des hominidés

Homo sapiens

Être humain, personne

Man

Human being

Où peut-on l'observer ?

Cette espèce s'observe partout dans le monde, sur terre, sur mer et dans les airs, de l'Arctique à l'Antarctique.

Les meilleurs endroits pour l'observer dans l'est du Canada, comme ailleurs sur la planète, sont les villes et les villages, bien que l'homme manifeste sa présence presque partout sur les côtes de l'Ontario, du Québec et des Maritimes.

Caractères distinctifs

Ce mammifère au pelage épars a des plaques de poils sur la tête, sous les bras et dans la région pubienne. Son corps est généralement couvert de vêtements, particulièrement en hiver. Il se déplace sur ses deux membres inférieurs (locomotion bipède) et nage avec ses quatre membres, parfois assisté de nageoires artificielles qu'il se met aux pieds. Il fabrique des embarcations de différentes tailles qu'il utilise pour se mouvoir en mer ainsi que des voitures motorisées et des vélos pour ses déplacements sur la terre ferme. Pour faire durer ses plongées au-delà de sa capacité aérobie, il utilise des scaphandres autonomes, équipés de réserves d'air sous pression dans des bouteilles d'aluminium.

Dimensions

Longueur totale moyenne, mâle adulte : 170 cm (max. 200 cm) ; femelle adulte : 150 cm (max. 200 cm) ; nouveau-né : environ 30 cm ; jeune sevré : environ 35 cm.

Le mâle adulte pèse en moyenne 75 kg (max. 100 kg, parfois davantage) et la femelle, 60 kg (max. 90 kg, parfois plus). À la naissance, le nouveau-né pèse environ 3 kg. Il atteint plus de 5 kg une fois sevré.

Nage et plongée

L'homme paraît plutôt maladroit dans l'eau par comparaison aux autres mammifères marins. Dès la naissance, l'être humain fait preuve d'un réflexe inné qui lui permet de se déplacer dans l'eau sous la surveillance d'un adulte. Il peut développer cette capacité naturelle à nager par des cours et de l'entraînement spécifiques. Les nageurs les plus rapides peuvent franchir une distance de 100 mètres en moins de 50 secondes, atteignant une vitesse de plus de 7 km/h. Les plongeurs d'expérience respirent au moyen d'un tube courbé vers l'arrière pour compenser la position ventrale des narines. Ils arquent le dos puis plongent tête en bas comme un canard pour s'enfoncer dans l'eau. Avec un peu d'entraînement, l'être humain peut rester immergé plus de 2 minutes en apnée. Le record mondial est d'environ 6 minutes passées sous l'eau sans respirer. L'être humain plonge en apnée à des profondeurs qui ne dépassent pas

---

◀ Les hommes et les mammifères marins partagent le même environnement.

▶ p. 282-283 : L'observation des baleines et des phoques nous rapproche de la nature.

25 mètres, bien que certains experts puissent atteindre 135 m de profondeur sans appareil respiratoire. Grâce au scaphandre autonome équipé de bouteilles d'air comprimé, un plongeur expérimenté peut rester sous l'eau une heure ou plus et atteindre des profondeurs de plus de 300 m. Le sous-marin et le bathyscaphe permettent aux humains de passer plusieurs jours sous l'eau et de descendre dans les abysses les plus profonds.

Souffle

C'est en hiver que l'on remarque le mieux la forme du souffle de l'humain lorsque l'air chaud et humide qu'il expulse par la bouche et les narines se condense au contact de l'air froid et se disperse en un fin nuage. Dans l'eau, lorsqu'il expire, ses bulles d'exhalation sont clairement visibles en surface. Celles-ci sont particulièrement abondantes lorsqu'il utilise des bouteilles de plongée.

Espèces semblables

Bien qu'il soit proche parent du gorille et du chimpanzé, sa locomotion bipède, son corps plutôt glabre, et le fait qu'il porte des vêtements et se déplace généralement dans un véhicule ou une embarcation font qu'il ne peut facilement être pris pour un autre animal.

Répartition géographique

Dans l'estuaire et le golfe du Saint-Laurent comme dans les Maritimes et dans l'Arctique, les hommes qui vivent directement ou indirectement de la mer construisent généralement leur abri sur la terre ferme le long des côtes. Dans ces régions, les populations côtières forment des rubans de peuplements peu denses entrecoupés d'agglomérations plus importantes qu'elles habitent toute l'année. La quête de poissons, de crustacés ou de mammifères entraîne les hommes en

mer à différentes périodes de l'année selon l'espèce convoitée. Durant l'été, dans l'estuaire et le golfe du Saint-Laurent et surtout le long de la côte atlantique, viennent s'ajouter d'autres humains, qu'on appelle touristes, qui vivent en ville ou à l'intérieur des terres et qui viennent en bordure de mer pour échapper aux chaleurs estivales. Anciennement, les migrations se faisaient par la mer mais, depuis l'invention de la voiture motorisée et la construction de routes, de plus en plus d'hommes se rendent sur le bord de mer par voie terrestre. Certains, moins nombreux, empruntent l'avion.

Alimentation

L'homme est un grand prédateur de mammifères, d'oiseaux, de poissons, d'invertébrés et de végétaux terrestres ou marins, mais il cultive ou élève une bonne partie des plantes et des animaux dont il se nourrit. Sur le bord de la mer, les espèces les plus prisées sont des poissons comme la morue et le saumon et des invertébrés comme le homard, le crabe des neiges, la moule et le pétoncle. L'éperlan et le capelan sont aussi pêchés par plusieurs. Dans l'Arctique, les populations inuites capturent principalement les mammifères marins et l'omble arctique pour leur subsistance. Des pêches côtières sont souvent à l'origine de l'établissement des villages. Mais, de nos jours, les hommes ne sont pas limités par l'absence ou la présence de proies. Leurs navires leur permettent d'aller pêcher au loin, certains s'éloignent parfois au large pendant des mois et reviennent au port les soutes pleines de poissons ou d'invertébrés. Peu de ces captures serviront à nourrir les pêcheurs eux-mêmes. L'excédent est troqué contre de l'argent, qui permet de s'offrir une grande variété de produits. Les Inuits se servent de peaux, d'os ou d'ivoire pour fabriquer des objets d'artisanat, qu'ils vendent aux touristes afin de suppléer à

leurs besoins. Il se pratiquait autrefois des chasses purement commerciales sur plusieurs espèces de baleines mais la plupart de ces chasses ont pris fin vers le milieu du 20ᵉ siècle. La chasse au phoque du Groenland est la seule chasse commerciale de grande envergure qui continue à exister. Certains hommes, principalement des touristes, vont à la pêche uniquement pour le plaisir, par exemple la pêche à la mouche, qui vise la capture de saumons pendant le frai. Leurs captures sont souvent rejetées à l'eau après la photo d'usage.

Comportement social et vocalisations

L'homme est grégaire. Il vit en groupes familiaux de 2 à 10 personnes, parfois davantage. Ces familles se rassemblent en communautés groupées en villages ou en villes de plus ou moins grande taille. Les hommes se répartissent le travail pour les grands ouvrages communautaires, comme les quais, les ports d'ancrage et les lieux de culte ou de réunion. Ils partagent parfois une partie de leurs avoirs pour aider les individus ou les familles démunis. Les communautés forment des nations de millions de personnes qui se reconnaissent entre elles par une culture, une géographie ou une économie commune. Pour diverses raisons, les nations peuvent se confronter ou entrer en concurrence, ce qui résulte en des attaques qui sont parfois très meurtrières. Les eaux du Saint-Laurent et des Maritimes ont vu plusieurs conflits armés dans le passé mais sont relativement tranquilles depuis plus d'une centaine d'années.

L'être humain est très démonstratif et aime jouer. Il organise souvent des jeux de balle ou des démonstrations de prouesse, de force ou d'endurance. Une des activités favorites en mer sont les courses de voiliers qui peuvent durer des heures ou même plusieurs jours.

L'homme utilise son organe vocal unique pour émettre une variété de sons stéréotypés formant un langage reconnaissable par les membres de sa communauté et de sa nation. Ce langage lui sert à communiquer ses observations et ses pensées et contribue à maintenir des liens entre les membres de la communauté. Les sons qu'il émet peuvent aussi communiquer diverses émotions. L'incompréhension causée par l'incapacité de communiquer entre des communautés aux langues différentes peut entraîner des conflits, mais de plus en plus d'humains parlent et comprennent suffisamment la langue de leurs voisins pour cohabiter pacifiquement.

Reproduction et soins des jeunes

La femelle peut s'accoupler toute l'année et mettre bas en toutes saisons après une gestation de 9 mois en moyenne. Généralement, elle donne naissance à un seul petit. Les naissances de jumeaux sont plus rares. Elle a entre un et quatre enfants (moyenne de 1,6 au Canada), rarement plus, durant la phase reproductive de sa vie. Elle cesse

---

◀ Les pêcheurs entretiennent une relation privilégiée avec la mer.

▶ p. 286 : La côte est du Canada est parsemée de ports de pêche.

d'être féconde au moment de la ménopause, processus naturel qui survient progressivement vers l'âge de 51 ans. L'enfant naît incapable de se déplacer par lui-même. Il est porté pendant plus d'un an par sa mère qui l'allaite au sein ou le nourrit de lait maternisé pendant au moins 6 mois. Les autres membres de la famille se partagent souvent la tâche de le porter et de le soigner. L'enfant commence à marcher en position bipède vers l'âge de 12 mois. Les filles atteignent la puberté entre 11 et 15 ans, les garçons entre 12 et 15 ans.

Prédateurs et facteurs de mortalité

En milieu terrestre, l'homme est parfois la victime d'un prédateur comme l'ours noir, le couguar ou le chien. En milieu marin, il doit se méfier de l'ours blanc et du requin. Cependant, ces incidents sont de rares exceptions et ces prédateurs sont plus souvent qu'autrement victimes eux-mêmes des humains. On peut donc affirmer que dans l'est de l'Amérique du Nord, l'être humain est aujourd'hui à l'abri de la plupart des prédateurs à l'exception de ses propres congénères. De trop nombreux humains sont en effet victimes d'homicides, surtout dans les grandes villes. L'arrogance et le tempérament compétitif des hommes ont parfois causé des guerres entre nations qui ont causé d'importantes pertes de vies. Parmi les principales causes de mortalité, on compte le cancer, les maladies cardiovasculaires, les maladies respiratoires, les accidents, les homicides et les suicides.

Longévité

De nos jours, au Canada, l'espérance de vie de l'homme est en moyenne de 76 ans et celle de la femme, de 83 ans.

Statut des populations

On dénombre environ trois millions d'humains le long des côtes de l'estuaire et du golfe du Saint-Laurent et de la région atlantique du Canada. Cette population croît très lentement en raison de la faible natalité et de l'émigration causée par la perte d'emplois reliés à la mer.

Anecdote

(source : les auteurs)

Bigorneaux du bas du fleuve, crevettes de Matane ou de Sept-Îles, crabes de la basse côte nord, pétoncles et moules de Gaspésie et de Nouvelle-Écosse, huîtres du Nouveau-Brunswick, homards des Îles-de-la-Madeleine ou de l'Île-du-Prince-Édouard, morues et flétans de Terre-Neuve, anguille, hareng, maquereau, esturgeon, saumon, capelan, plie, sébaste… Ces délices de la mer garnissent notre table depuis des décennies grâce au travail patient et laborieux des pêcheurs et des mariculteurs. Sur leurs bateaux, ils affrontent l'adversité des éléments, pour récolter ce que la mer a de mieux à offrir.

Un soir, on pouvait entendre au téléjournal un pêcheur ému raconter comment son vieux père, après avoir vaincu un cancer qui l'affligeait, ne voulait rien faire d'autre que de retourner en mer avec son fils, préférant appâter la ligne et affronter la vague à la sécurité et au confort de son foyer. Cette histoire de marin parmi tant d'autres témoigne de la relation d'amour et de besoin que les riverains entretiennent avec la mer. Plus qu'un gagne-pain, la pêche représente un mode de vie qui a façonné la culture et le paysage de l'est du Canada.

L'effondrement des stocks de poissons et de l'économie maritime à la fin du 20ᵉ siècle a grandement affecté les communautés tournées vers la mer, les obligeant à revoir leurs pratiques et à diversifier leurs activités de production. En dépit de ces difficultés, les pêcheurs poursuivent le dialogue avec la terre et la mer. Ils témoignent de la relation étroite qui nous unit à la nature.

▲ Ce vieux bateau rappelle l'époque où la pêche semblait sans limite.

Fiches d'observation

ESPÈCE OBSERVÉE		
DESCRIPTION DE L'ESPÈCE		
NOMBRE D'INDIVIDUS OBSERVÉS	DATE	HEURE
LIEU D'OBSERVATION		
DESCRIPTION DE L'HABITAT		
ÉTAT DE LA MER		
CONDITIONS MÉTÉO		
COMPORTEMENT OBSERVÉ		

ESPÈCE OBSERVÉE		
DESCRIPTION DE L'ESPÈCE		
NOMBRE D'INDIVIDUS OBSERVÉS	DATE	HEURE
LIEU D'OBSERVATION		
DESCRIPTION DE L'HABITAT		
ÉTAT DE LA MER		
CONDITIONS MÉTÉO		
COMPORTEMENT OBSERVÉ		

Glossaire

Amphipode : Crustacé de petite taille au corps comprimé latéralement.

Balane : Crustacé marin du sous-ordre des cirripèdes. Plusieurs espèces au stade adulte s'incrustent dans la peau de certaines baleines.

Banquise (pack) : Terme utilisé au sens large pour désigner toute étendue de glace de mer autre que la banquise côtière, quelle que soit sa forme ou la façon dont elle est disposée.

Banquise consolidée (pack consolidé) : Glace de mer dont la concentration est de 100 % et où il n'y a pas d'eau visible. Les glaces ont été soudées par le gel.

Banquise côtière : Glace de mer qui se forme et reste fixe le long de la côte, à laquelle elle est attachée.

Banquise lâche : Glace de mer de faible concentration. Les glaces ne sont généralement pas en contact les unes avec les autres.

Banquise serrée : Glace de mer de forte concentration. La plupart des glaces sont en contact les unes avec les autres.

Billotage : Traduction libre de l'expression *logging* utilisée pour désigner l'activité d'une baleine immobile en surface.

Blanchon : Nom anciennement donné par les riverains du Saint-Laurent au béluga âgé de 3 ou 4 ans ; nom donné par les habitants de la région du golfe du Saint-Laurent au phoque du Groenland nouveau-né.

Brasseur : Nom donné au petit du phoque du Groenland quelques semaines après la naissance au moment de la première mue où il acquiert son second pelage argenté et parsemé de taches plus foncées.

Callosités : Plaques de peau épaisse et kératinisée qui forment des excroissances de tailles variées sur la tête de la baleine noire.

Chiot : Désigne non seulement le petit du chien mais aussi le petit du phoque.

COSEPAC : Comité sur la situation des espèces en péril au Canada.

Crustacé : Arthropode généralement aquatique, à respiration branchiale et dont la carapace est formée de chitine imprégnée de calcaire.

Décapode : Crustacé marin ayant trois paires de pattes à mâchoires et cinq paires de pattes servant à marcher ou à nager (ex. : crevettes, crabes, homards).

Domaine vital : Superficie dans les limites de laquelle un animal ou un groupe d'animaux vaque à ses activités courantes.

Écholocation : Mode particulier d'orientation de divers animaux par émission de sons ou d'ultrasons qui produisent un écho.

Échouerie : Lieu émergé où se regroupent certains pinnipèdes.

Embryon : Organisme en voie de développement, depuis l'oeuf fécondé jusqu'à la réalisation d'une forme capable de vie autonome et active.

Esker : Long ruban graveleux déposé par un torrent de glaciers.

Euphauside : Petit crustacé à six pattes utilisées pour filtrer le plancton. Il vit entre deux eaux en bancs de millions d'individus (krill).

Évent : Narine simple ou double des cétacés.

Fanon : Lame de corne effilochée sur son bord interne et fixée à la mâchoire supérieure des baleines mysticètes, qui en possèdent plusieurs centaines.

Front : Banquise de glaces flottantes dans la région du nord de Terre-Neuve et du sud-est du Labrador

Gamaride: Crustacé de l'ordre des amphipodes, commun dans les eaux douces aérées.

Gestante: Se dit d'une femelle gravide, qui porte un petit.

Habitat: Milieu géographique où vit une espèce animale ou végétale.

Harem: Groupe ou harde de femelles qu'un mâle garde en empêchant les autres mâles de copuler avec elles.

Implantation retardée: Phénomène par lequel, après fécondation, le blastocyte reste à l'état dormant dans la cavité utérine sans s'attacher à la paroi.

Krill: Banc de petits crustacés dont se nourrissent les baleines.

Marsouiner: Nager rapidement en surface en exécutant des bonds hors de l'eau, comme un marsouin.

Melon: Renflement de la partie antérieure de la tête de certaines baleines composé de matières grasses et huileuses. Le melon pourrait agir comme une lentille acoustique servant à orienter les sons émis par les voies respiratoires lors de l'écholocation.

Métabolisme: Ensemble des transformations chimiques et physicochimiques qui se produisent dans les tissus des organismes vivants.

Mise bas: Action de donner naissance à un petit.

Niche écologique: Fonction d'une espèce ou d'une population dans un écosystème.

Nœud: Unité de mesure utilisée en navigation et équivalant à 1 mille marin à l'heure, soit 1,85 km/h.

Océanorium: Établissement spécialisé dans la présentation publique d'animaux marins.

Oestrus: Période du rut chez les femelles.

Ovule: Cellule femelle destinée à être fécondée.

Pack: Voir Banquise.

Parturition: Mise bas, action de donner naissance à un petit.

Pectoral: Relatif à la poitrine (nageoires pectorales: nageoires paires antérieures).

Pélagique: Qui vit dans les parties de la mer les plus profondes.

Pente continentale: Zone de fonds marins à dénivellation rapide qui sépare le plateau continental des grands fonds, ou fonds abyssaux.

Plancton: Ensemble des êtres microscopiques ou de petite taille en suspension dans l'eau salée ou l'eau douce.

Plateau continental: Bande de hauts fonds qui ceinture le littoral, séparée des grands fonds marins, ou fonds abyssaux, par la pente continentale.

Ptéropode: Petit gastropode marin nageur à coquille très légère.

Subarctique: Qui caractérise les régions situées en deçà du cercle arctique.

Taxonomique: Relatif à la classification des êtres vivants.

Territoire: Partie du domaine vital d'un animal délimitée d'une certaine manière et interdite aux congénères.

Utérus: Organe de la gestation chez les femelles des mammifères.

Vibrisse: Poil tactile de certains mammifères.

Bibliographie

Références générales

ALLEN, K.R. 1980. *Conservation and management of Whales*. Univ. of Washington Press.

ANONYME. 1979. *A characterization of marine mammals and turtles in the Mid-and North Atlantic areas of the U.S. outer continental shelf*. CETAP, executive summ., Univ. of Rhode Island.

BANFIELD, A.W.F. 1974. *Les mammifères du Canada*. Presses de l'Université Laval, Québec.

BAKER, S.R. 1997. «Les mammifères marins de la région de l'île aux Basques». p. 131-139. *In* Société Provancher d'histoire naturelle du Canada. *L'île aux Basques*. Éditions l'Ardoise, Québec, 264 p.

BÉLAND, P. 1988. «Witness for the prosecution». *Nature Canada* 17 (4): 28-36.

BERTA, A. et J.-L. SUMICH. 1999. *Marine Mammals: Evolutionary Biology*. Academic Press, San Diego, xiii + 494 p.

BURT. W.H. et R.P. GROSSENHEIDER. 1992. *Les mammifères de l'Amérique du Nord (au Nord du Mexique)*. (Les Guides Peterson). Broquet, La Prairie.

CHRISTENSEN, I. 1977. «Observations of whales in the North Atlantic». *Reports of the International Whaling Commission* 27: 388-399.

CARWARDINE, M. *et al.* 2000. *La grande famille des cétacés. Baleines, dauphins et marsouins*. Könemann, Cologne, 288 p.

CRANDALL, L.S. 1964. *Management of wild mammals in captivity*. University of Chicago Press, Chicago et Londres.

DAVIS, R.A. *et al.* 1980. *The present status and future management of Arctic Marine Mammals in Canada*. Dept. Infor. N.W.T. Gvmnt.

Dolphins, Porpoises and Whales. 1994-1998 Action Plan for the Conservation of Cetaceans. Compilé par Randall R. Reeves et Stephen Leatherwood en coll. avec IUCN/SSC Cetacean Specialist Group, 1994, 91p.

Dolphins, Porpoises and Whales. An Action Plan for the Conservation of Biological Diversity: 1988-1992. Second Edition. Compilé par W.F. Perrin et IUCN/SSC Cetacean Specialist Group, 1989, 27 p.

DUGUY, R. et D. ROBINEAU. 1982. *Guide des mammifères marins d'Europe*. Delachaux et Niestlé, Neufchâtel, Paris.

EVANS, P.G.H. et J.A. RAGA (dir.). 2001. *Marine Mammals: Biology and Conservation*. Kluwer Academic/Plenum Publishers, New York, xi + 630 p.

EWER, R.F. 1973. *The Carnivores*. Cornell Univ. Press, Ithaca, New York.

FONTAINE, P.H. 1998. *Les Baleines de l'Atlantique Nord: biologie et écologie*. Éditions Multimondes, Sainte-Foy, xvii + 290 p.

GASKIN, D.E. 1982. *The Ecology of Whales and Dolphins*. Heinemann, Londres, xii + 459 p.

GAUTHIER, J. 1981. *Baleines et dauphins du Saint-Laurent*. Soc. Linnéenne du Québec.

GÉNSBØL, B. 2004. *A Nature and Wildlife Guide to Groenland*. Gyldendal Publ., 259 p.

GERACI, J.-R. et V.J. LOUNSBURY. 1993. *Marine Mammals Ashore: A Field Guide for Strandings*. Texas A&M Sea Grant Publ. Galveston, Texas, 305 p.

GODIN, A.J. 1977. *Wild mammals of New England*. The Johns Hopkins Univ. Press.

GUNDERSON, H.L. 1976. *Mammalogy*. McGraw-Hill, New York.

GUNTHER, P. 2003. *Mammifères du monde. Inventaire des noms scientifiques français et anglais*. Édition Cade, Paris, 378 p.

HALL, E.R. 1981. *The mammals of North America*. John Wiley & Sons, New York.

HAMILTON, W.J. Jr et J.O. WHITAKER Jr 1979. *Mammals of the Eastern United States*. 2e éd. Comstock Publ. Ass. Cornell Univ. Press.

HARRISON, R. J. et G.L. KOOYMAN. 1971. «Diving in marine mammals». *Oxford Biol. Readers* No 6, Oxford Univ. Press.

HENNING, R.A. *et al* (dir.). 1978. «Alaska whales and whaling». *Alaska Geogr.* 5 (4): 1-143.

HOYT, E. 1984. *The Whales of Canada*. Camden House Publ.

HOYT, E. 1991. *Meeting the Whales*. Camden House Publ.

IUCN/SSC CETACEAN SPECIALIST GROUP. 2003. *Dolphins, Whales and Porpoises: 2002-2010 Conservation Action Plan for the World's Cetaceans*, xi + 139p.

JEFFERSON, T.A. *et al.* 1993. *FAO Species Identification Guide. Marine Mammals of the World*. FAO, Rome, viii + 320 p.

JONES, M.L. 1979. «Longevity of mammals in captivity». *Int. Zoo News* 26 (3): 16-26.

KATONA, S. *et al.* 1977. *A field guide to the whales and seals of the Gulf of Maine*. 2e éd., Coll. of the Atlantic, Bar Harbour, Maine.

KATONA, S.J. *et al.* 1983. *A field guide to the whales, porpoises and seals of the Gulf of Maine and Eastern Canada: Cape Cod to Newfoundland*. Charles Scribner's Sons, New York.

KING, J.E. 1983. *Seals of the world*. British Museum (Natural History), Londres, et Oxford Univ. Press, Oxford.

KINGSLEY, M.C.S. et R.R. REEVES. 1998. «Aerial Surveys of cetaceans in the Gulf of Saint-Lawrence in 1995 and 1996». *Canadian Journal of Zoology* 76: 1529-1550.

LEATHERWOOD, S. *et al.* 1976. «Whales, dolphins and porpoises of the Western North Atlantic: a guide to their identification». *N.O.A.A. Tech. Rep. NMFS Circ.*-396.

LEATHERWOOD, S.L. *et al.* 1988. *Whales, dolphins and porpoises of the eastern North Pacific and adjacent waters: a guide to their identification.* Dover Publi., Inc. New York.

LEATHERWOOD, S.L. et R.R. REEVES. 1983. *The Sierra Club Handbook of Whales and Dolphins.* Sierra Club Books. San Francisco, xviii + 302 p.

LOCKYER, C. 1976. «Body weights of some species of large whales». *J. Cons. Int. Explor. mer* 36: 259-273.

MANSFIELD, A.W. 1964. *Phoques de l'Arctique et de l'est du Canada.* Bull. 137, Off. Rech. Pêch. Canada.

MANSFIELD, A.W. 1967. «The mammals of Sable Island». *Can. Field-Nat.* 81: 40-49.

MARTIN, A.R. 1990. *Whales and dolphins.* Salamander Books Inc., Londres.

MITCHELL, E.D. 1973. «The status of the world's whales». *Nature Canada* 2 (4): 9-25.

MITCHELL, E.D. 1974. «Trophic relationships and competition for food in the Northwest Atlantic Whales». *Proc. Can. Soc. Zool. Ann. Meet.* p. 123-133.

MITCHELL, E.D. 1974. «Present status of Northwest Atlantic Fin and other Whale stock». p. 108-169. *In* W.E. Schevill (dir.). *The Whale problem, a status report.* Harvard Univ. Press.

MITCHELL, E.D. 1975. «Porpoise, dolphin and small whale fisheries of the world, status and problems». *IUCN Monogr.* No 3.

MITCHELL, E.D. 1975. «Report on the meeting on smaller cetaceans, Montréal, April 1-11, 1974». *J. Off. Rech. Pêch. Canada* 32: 889-983.

MITCHELL, E.D. et S. BROWN (dir.). 1976. *Scientific Committee International Decade of Cetacean Research, Research proposals for the North Atlantic.* IWC Annex E4 SC/SP74/Rep. 2: 142-179.

MITCHELL, E.D. et R.R. REEVES, 1981. «Catch history and cumulative catch estimates of initial population size of Cetaceans in the Eastern Canadian Arctic». *Rep. Int. Whal. Comm.* 31: 645-682.

MOWAT, F. 1984. *Sea of slaughter.* McClelland and Stewart, Toronto.

NATIONAL GEOGRAPHIC SOCIETY. 1979. *Wild animals of North America.* Natl. Geogr. Soc., Washington, D.C.

NORRIS, K.S. 1966. *Whales, dolphins and porpoises.* Univ. of California Press.

ORGANISATION MÉTÉOROLOGIQUE MONDIALE. 1970. *Nomenclature OMM des glaces de mer. Nomenclature française.* Secrétariat OMM, Genève. OMM 259 TP 145. 17 p.

OUELLET, M.-C. 2002. *Fabuleuses baleines et autres mammifères marins du Québec.* Les éditions de l'homme, Montréal, 159 p.

PERRIN, W.F. *et al.* (dir.). 1984. «Reproduction in whales, dolphins and porpoises». *Reports of the International Whaling Commission,* Special Issue 6. Cambridge. 495 p.

PERRIN, W.F. *et al.* (dir.). 2002. *Encyclopedia of Marine Mammals.* Academic Press, San Diego, xxxviii + 1414 p.

PETERSON, R.L. 1966. *The mammals of Eastern Canada.* Oxford Univ. Press, Toronto.

PIERARD, J. 1975. *Découvrir les mammifères.* Presses de l'Univ. de Montréal, Montréal.

PIVORUNAS, A. 1979. «The feeding mechanisms of Baleen Whales». *Am. Sci.* 67: 432-440.

READ, C.J. et S.E. STEPHANSSON. 1976. «Distribution and migration routes of Marine Mammals in the Central Arctic region». *Envir. Canada Rapp. Tech. Serv. Pêch. Sci. Mer,* No 667.

REEVES, R.R. *et al.* 1992. *The Sierra Club Handbook of Seals and Sirenians.* Sierra Club Books, San Francisco, xvi + 359 p.

REEVES, R.R. *et al.* 2002. *National Audubon Society Guide to Marine Mammals of the World.* Knopf. 527 p.

RICHARD, P. 2001. *Marine Mammals of Nunavut.* Qikitani School Operations, Dept. of Education, Nunavut, 196 p.

RICHARD, P. et J. PRESCOTT. 1981. «Ne tirez pas sur la baleine». *Québec Science* 19 (10): 30-37.

RIDGWAY, S.H. (dir.). 1972. *Mammals of the Sea: Biology and Medecine.* Charles C. Thomas Publ.

RIDGWAY, S.H. et R.J. HARISSON. 1981. *Handbook of marine mammals.* Academic Press. New York. Vol 1 : *The walrus, sea lions, fur seals and sea otter.* 235 p. (1981); Vol 2 : *Seals.* 359 p. (1981); Vol 3 : *The sirenians and baleen whales.* 362 p. (1985); Vol 4 : *River dolphins and the larger toothed whales.* 442 p. (1989).

SEARS, R. 1980. *Report on observations of Cetaceans along the North shore of the Gulf of St. Lawrence (Mingan Islands) Summer-Fall 1980.* Mingan Island Cetacean Study.

SERGEANT, D.E. 1961. «Whales and dolphins of the Canadian East coast». *Fish Res. B. Can. Arctic Unit circ.* No 7.

SERGEANT, D.E. et H.D. FISHER, 1957. «The smaller Cetacea of Eastern Canadian waters». *J. Off. Rech. Pêch. Canada* 14: 83-115.

SERGEANT, D.E. *et al.* 1970. «Inshore records of Cetacea for Eastern Canada, 1949-68». *J. Off. Rech. Pêch. Canada* 27: 1903-1915.

SYLVESTRE, J.-P. 1998. *Guide des Mammifères Marins au Canada.* Broquet éditeur, vii + 330 p.

SLIJPER, E.J. 1979. *Whales.* 2e éd., Cornell University Press.

SOCIÉTÉ ZOOLOGIQUE DE QUÉBEC. 1967. «Nom français des mammifères du Canada». *Carnets de Zool.* 27: 25-30.

VAUGHAN, T.A. 1978. *Mammalogy.* 2e éd. W.B. Saunders, Philadelphie.

WATKINS, W.A. et W.E. SCHEVILL. 1979. «Aerial observation of feeding behavior in four Baleen Whales: *Eubalaena glacialis, Balaenoptera borealis, Megaptera novaeangliae* and *B. physalus*». *J. Mamm.* 60: 155-163.

WATSON, L. 1981. *Sea guide to whales of the world.* E.P. Dutton, New York; Nelson Canada.

WHITAKER, J.O. Jr. 1980. *The Audubon Society Field Guide to North American Mammals.* A.A. Knopf, New York.

WILSON, D.A. et D.M. REEDER. 1993. *Mammal Species of the World: A Taxonomic and Geographic Reference.* 2e éd. Smithsonian Institution Press, Washington.

Cétacés

Famille des phocénidés

GASKIN, D.E. 1977. «Harbour Porpoise *Phocoena phocoena* (L.) in the Western approaches to the Bay of Fundy, 1969-75». *Rep. Int. Whal. Comm.* 27: 487-492.

GASKIN, D.E. 1984. «The Harbour Porpoise (*Phocoena phocoena*): regional populations, status and Information on direct and indirect catches». *Rep. Int. Whal. Comm.* 34: 569-586.

GASKIN, D.E. 1992. «Status of the Harbour Porpoise (*Phocoena phocoena*) in Canada». *Can. Field-Nat.* 106 (1): 36-54.

GASKIN, D.E. *et al.* 1974. «*Phocoena phocoena*». *Mammal. Species* No 42, pp. 1-8.

GASKIN, D.E. *et al.* 1985. «Population dispersal, size and interactions of Harbour Porpoises in the Bay of Fundy and Gulf of Maine». *Can. Tech. Rep. Fish. Aquat. Sci.* 291: 28 pp.

NEAVE, D.J. et B.S. WRIGHT, 1968. «Seasonal migrations of the Harbor Porpoise (*Phocoena phocoena*) and other Cetacea in the Bay of Fundy». *J. Mamm.* 49: 259-264.

READ, A.J. 1990. «Age at sexual maturity and pregnancy rates of Harbour Porpoises (*Phocoena phocoena*) from the Bay of Fundy». *Can. J. Fish. Aquat. Sci.* 47: 561-565.

READ, A.J. 1990. «Reproductive seasonality in Harbour Porpoises (*Phocoena phocoena*) from the Bay of Fundy». *Can. J. Zool.* 68: 284-288.

WESGATE, A.J. *et al.* 1995. «Diving behaviour of Harbour Porpoises (*Phocoena phocoena*)». *Can. J. Fish. Aquat. Sci.* 52: 1064-1073.

Famille des delphinidés

AU, W.W.L. et K.J. SNYDER. 1980. «Long-range target detection in open waters by an echolocating Atlantic Bottlenose Dolphin (*Tursiops truncatus*)». *J. Acoust. Soc. Am.* 68: 1077-1084.

AU, D. et D. WEIHS. 1980. «At high speed dolphins save energy by leaping». *Nature* 284 (5756): 548-550.

BAIRD, R.W. et P.J. STACEY. 1991. «Status of Risso's Dolphin (*Grampus griseus*) in Canada». *Can. Field-Nat.* 105 (2): 233-242.

DONOVAN, G.P. *et al.* 1993. «Biology of Northern Hemisphere Pilot Whales». *Rep. Int. Whal. Comm.* Special Issue 14: 479 p.

GASKIN, D.E. 1992. «Status of the Atlantic White-sided Dolphin (*Lagenorhynchus acutus*) in Canada». *Can. Field-Nat.* 106 (1): 64-72.

GASKIN, D.E. 1992. «Status of the Common Dolphin (*Delphinus delphis*) in Canada». *Can. Field-Nat.* 106 (1): 55-63.

HEYNING, J.E. et M.E. DAHLHEIM. 1985. «*Orcinus orca*». *Mamm. Species* No 304, p.1-9.

JONSGARD, A. et P.B. LYSHOEL. 1970. «A contribution to the knowledge of the biology of the Killer Whales *Orcinus orca* (L.)». *Nytt. Mag. Zool.* 18: 41-48.

KIRKEVOLD, B.C. et J.S. LOCKARD. 1990. «Behavioral biology of Killer Whales». *Zoo Biology Monographs*, Vol. 1.

LOWRY, L.F. *et al.* 1987. «Observations of Killer Whales (*Orcinus orca*) in Western Alaska: sightings, strandings, and predation on other marine mammals». *Can. Field-Nat.* 101: 6-12.

MARTIN, A.R. *et al.* 1987. «Aspects of the biology of Pilot Whales (*Globicephala melaena*) in recent mass strandings on the British coast». *J. Zool. Lond.* 211: 11-23.

MARTINEZ, D.R. et E. KLINGHAMMER. 1978. «A partial ethogram of the Killer Whale (*Orcinus orca* L.)». *Carnivore* 1 (3): 13-27.

OLESIUK, P.F. *et al.* 1990. «Life history and population dynamics of resident Killer Whales (*Orcinus orca*) in the coastal waters of British Columbia and Washington State». *Rep. Int. Whal. Comm.* Special Issue 12: 209-243.

RENAUD, D.L. et A.N. Popper. 1975. «Sound localization by the Bottlenose Porpoise *Tursiops truncatus*». *J. Exp. Biol.* 63: 569-585.

SERGEANT, D.E. 1962. «The biology of the Pilot or Pothead Whale *Globicephala*

melaena (Traill) in Newfoundland waters».
Bull. Off. Rech. Pêch. Canada 132: 1-84.

SERGEANT, D.E. *et al.* 1980. «Life history and Northwest Atlantic status of the Atlantic White-sided Dolphin, *Lagenorhynchus acutus*». *Cetology* 37: 1-12.

SIGURJONSSON, J. et S. LEATERWOOD (dir.). 1988. «North Atlantic Killer Whales». *Rit. Fiskideildar* 11: 317 p.

SMITH, T.G. *et al.* 1981. «Coordinated behavior of Killer Whales, *Orcinus orca*, hunting a Crabeater Seal, *Lobodon carcinophagus*». *Can. J. Zool.* 59: 1185-1189.

STEINER, W.W. *et al.* 1979. «Vocalizations and feeding behavior of the Killer Whale (*Orcinus orca*)». *J. Mamm.* 60: 823-827.

Famille des monodontidés

BARBER, D.G. *et al.* 2001. «Examination of beluga-habitat relationships through the use of telemetry and a Geographic Information System». *Arctic* 54: 305-316.

BÉLAND, P. *et al.* 1990. «Observations on the birth of a Beluga Whale (*Delphinapterus leucas*) in the St. Lawrence estuary, Quebec, Canada». *Can. J. Zool.* 69: 1327-1329.

BEST, R.C. 1981. «The tusk of the Narwhal (*Monodon monoceros* L.): interpretations of its function (Mammalia: Cetacea)». *Can. J. Zool.* 59: 2386-2393.

BEST, R.C. et H.D. FISHER. 1974. «Seasonal breeding of the Narwhal (*Monodon monoceros* L.)». *Can. J. Zool.* 52: 429-431.

DAVIS, R.A. *et al.* 1978. «Status of the Lancaster Sound Narwhal population in 1976». *Rep. Int. Whal. Comm.* 28: 209-215.

DIETZ, R. *et al.* 2001. «Summer and fall movements of narwhals (*Monodon monoceros*) from northeastern Baffin Island towards Northern Davis Strait». *Arctic* 54: 244-261.

DOIDGE, D.W. et K.J. FINLEY. 1993. «Status of the Baffin Bay population of Beluga (*Delphinapterus leucas*)». *Can. Field-Nat.* 107 (4): 533-546.

FRAKER, M.A. *et al.* 1979. «White Whale (*Delphinapterus leucas*) distribution and abundance and the relationship to physical and chemical characteristics of the Mackenzie Estuary». *Rap. Tech. Serv. Pêch. Sci. Mer* No 863, Dept. Pêch. Envir. Canada.

FREEMAN, M.M.R. 1973. «Polar Bear predation on Beluga in the Canadian Arctic». *Arctic* 26: 163.

GREENDALE, R.G. et C. BROUSSEAU-GREENDALE. 1976. «Observations of marine mammals at Cape Hay, Bylot Island during summer of 1976». *Rap. Tech. Serv. Pêch. Sci. Mer* No 680, Dept. Pêch. Envir. Canada.

HAY, K.A. 1982. *Population Biology of the Narwhal (*Monodon monoceros*) in the Eastern Canadian Arctic*. Thèse de doctorat, Université McGill, Montréal.

HEIDE-JØRGENSEN, M.P. *et al.* 2001. «Surfacing times and dive rates for narwhals (*Monodon monoceros*) and belugas (*Delphinapterus leucas*)». *Arctic* 54: 284-298.

HEIDE-JØRGENSEN, M.P. *et al.* 1998. «Dive patterns of belugas (*Delphinapterus leucas*) in waters near eastern Devon Island». *Arctic* 51:17-26.

INNES, S. *et al.* 2002. «Surveys of belugas and narwhals in the Canadian high Arctic in 1996». *NAMMCO special publication* 4: 169-190.

KINGSLEY, M. 1990. *Le narval.* Série «Le monde sous-marin». Pêches et Océans. No Cat. Fs 41-33/61-1990. F. 8 pp.

KINGSLEY, M.C.S. 1990. «Polar Bear attack on a juvenile Narwhal». *Fauna Norv. Ser. A* 11: 57-58.

LAIDRE, K.L. *et al.* 2002. «Diving behaviour of narwhals (*Monodon monoceros*) at two coastal localities in the Canadian High Arctic». *Can. J. Zool.* 80: 624–635.

LOWRY, L.F. *et al.* 1987. «Polar bear (*Ursus maritimus*) predation on Belugas (*Delphinapterus leucas*) in the Bering and Chukchi seas». *Can. Field-Nat.* 101: 141-146.

MARTIN, A.R. *et al.* 2001. «Dive behaviour of belugas (*Delphinapterus leucas*) in the shallow waters of western Hudson Bay». *Arctic.* 54: 276-283.

MICHAUD, A. *et al.* 1990. «Distribution annuelle et caractérisation des habitats du Béluga (*Delphinapterus leucas*) du Saint-Laurent». *Rapp. Tech. Sciences halieut. et aquat.* No 1757. 31 pp.

PIPPARD, L. et H. MALCOM. 1978. *White Whales (*Delphinapterus leucas*): observations on their distribution, population and critical habitats in the St. Lawrence and Saguenay rivers.* Dept. Aff. Ind. Nord, Parcs Canada Proj. C1632 contrat 76-190.

PIPPARD, L. 1985. «Status of the St. Lawrence population of Beluga (*Delphinapterus leucas*) in Canada». *Can. Field-Nat.* 99 (3): 438-450.

PRESCOTT, J. 1991. «The St. Lawrence Beluga: a concerted effort to save an endangered species». p. 269-273. *In* Holroyd, G.L., Burns, G. et H.C. Smith (dir.). «Proceedings of the second endangered species and prairie conservation workshop». *Nat. Hist. Occ. Paper* No 15, Provincial Museum of Alberta.

PRESCOTT, J. et M. GAUQUELIN (dir.). 1990. *Pour l'avenir du Béluga.* Presses de l'Univ. du Québec, Sillery, Québec. 345 p.

REEVES, R.R. et S. TRACEY. 1980. «*Monodon monoceros*». *Mammal. Species* No 127, p. 1-7.

RICHARD, P.R. et J.-R. ORR. 1986. «A review of the status and harvest of White Whales (*Delphinapterus leucas*) in the Cumberland Sound area, Baffin Island». *Can. Tech. Rep. Fish. Aquat. Sci.* 1447: 25 p.

RICHARD, P.R. *et al.* 1990. «The distribution and abundance of Belugas (*Delphinapterus leucas*) in Eastern Canadian subarctic waters». *Can. Bull. Fish. Aquat. Sci.* 224: 23-38.

RICHARD, P.R. 1991. «Status of the Belugas (*Delphinapterus leucas*) of Southeast Baffin Island, Northwest Territories». *Can. Field-Nat.* 105 (2): 206-214.

RICHARD, P.R. 1993. «Status of the Beluga (*Delphinapterus leucas*) in Western and Southern Hudson Bay». *Can. Field-Nat.* 107 (4): 524-532.

RICHARD, P.R. *et al.* 1994. «Distribution and numbers of Canadian high Arctic narwhals (*Monodon monoceros*) in August 1984». *Meddelelser om Grønland - Bioscience* 39: 41-50.

RICHARD, P.R. *et al.* 1995. «Study of Summer and Fall Movements and Dive Behaviour of Beaufort Sea Belugas, using SatelliteTelemetry:1992-1996».*Environmental Studies Research Funds Report* No. 134.

RICHARD, P.R. *et al.* 1998. «Sightings of belugas and other marine mammals in the North Water, late March 1993». *Arctic* 51: 1-4.

RICHARD, P.R. *et al.* 1998. «Study of Late Summer and Fall Movements and Dive Behaviour of Beaufort Sea Belugas, using Satellite Telemetry: 1997». *Minerals Management Service OCS Study* 98-0016.

RICHARD, P.R. *et al.* 1998. «Fall movements of belugas (*Delphinapterus leucas*) with satellite-linked transmitters in Lancaster Sound, Jones Sound, and northern Baffin Bay». *Arctic* 51: 5-16.

RICHARD, P.R. *et al.* 2001. «Summer and Autumn Movements and habitat use of belugas around Somerset Island and adjacent waters». *Arctic* 54: 207-222.

RICHARD, P.R. *et al.* 2001. «Summer and autumn movements of belugas of the Beaufort Sea Region». *Arctic* 54: 223-236.

SERGEANT, D.E. 1973. «Biology of White Whales (*Delphinapterus leucas*) in Western Hudson Bay». *J. Off. Rech. Pêch. Can.* 30: 1065-1090.

SERGEANT, D.E. et P.F. BRODIE. 1969. «Body size in White Whales, *Delphinapterus leuca*». *J. Off. Rech. Pêch. Can.* 26: 2561-2580.

SERGEANT, D.E. et P.F. BRODIE. 1975. «Identity, abundance and present status of populations of White Whales, *Delphinapterus leucas*, in North America». *J. Off. Rech. Pêch. Can.* 32: 1047-1054.

SILVERMAN, H.B. et M.J. DUNBAR. 1980. «Aggressive tusk use by the Narwhal (*Monodon monoceros*)». *Nature* 284: 57-58.

SMITH, T.G. *et al.* 1990. «Advances in the Research on the Beluga Whale (*Delphinapterus leucas*)». *Can. Bull. Fish. Aquat. Sci.* 224: 206 p.

STRONG., J.T. 1988. «Status of the Narwhal (*Monodon monoceros*) in Canada». *Can. Field-Nat.* 102 (1): 391-398.

VLADYKOV, V.-D. 1944. *III. Chasse, biologie et valeur économique du Marsouin blanc ou Béluga* Delphinapterus leucas *du fleuve et du golfe Saint-Laurent.* Contrib. du Dépt. des Pêcheries du Québec, No 14.

VLADYKOV, V.-D. 1946. *IV. Nourriture du Marsouin blanc ou Béluga (*Delphinapterus leucas*) du fleuve Saint-Laurent.* Contrib. du Dépt. des Pêcheries du Québec, No 17.

Famille des ziphiidés

BENJAMINSEN, T. et I. CHRISTENSEN. 1979. The natural history of the Bottlenose Whale *Hyperoodon ampullatus* (Forster). *In* H.E. Winn et B.L. Olla (dir.). *Behavior of Marine Animals, vol. 3, Cetaceans*, p. 143-164. Plenum Press.

HOUSTON, J. 1990. «Status of Blainville's Beaked Whale (*Mesoplodon densirostris*) in Canada». *Can. Field-Nat.* 104 (1); 117-120.

HOUSTON, J. 1990. «Status of True's Beaked Whale (*Mesoplodon mirus*) in Canada». *Can. Field-Nat.* 104 (1): 135-137.

LIEN J. et F. BARRY. 1990. «Status of Sowerby's Beaked Whale (*Mesoplodon bidens*) in Canada». *Can. Field-Nat.* 104 (1): 125-130.

MITCHELL, E.D. 1977. «Evidence that the Northern Bottlenose Whale is depleted». *Rep. Int. Whal. Comm.* 27: 195-203.

REEVES R.R. *et al.* 1993. «Status of the Northern Bottlenose Whale (*Hyperoodon ampullatus*) in Canada». *Can. Field-Nat.* 107 (4): 490-508.

Famille des physétéridés

BEST, P.B. 1979. «Social organization in Sperm Whales, *Physeter macrocephalus*». p. 227-290. *In* H.E. Winn et B.L. Olla (dir.). *Behavior of Marine Animals Vol. 3, Cetaceans.* Plenum Press.

Famille des balénoptéridés

ABRAHAM, K.F. 1990. «First Minke (*Balaenoptera acutorostra*) record for James Bay». *Can. Field-Nat.* 104: 304-305.

BEAMISH, P. 1978. «Evidence that a captive Humpback Whale (*Megaptera novaeangliae*) does not use sonar». *Deep-Sea Research* 25: 469-472

BEAMISH, P. 1979. «Behavior and signifiance of entrapped Baleen Whales». p. 291-310. *In* H.E. Winn et B.L. Olla (dir.). *Behavior of Marine Animals Vol. 3. Cetaceans.* Plenum Press.

BEAMISH, P. et E. MITCHELL. 1971. «Ultrasonic sounds recorded in the presence of a Blue Whale *Balaenoptera musculus*». *Deep-Sea Research* 18: 803-809.

HAY, K.H. 1985. «Status of the Humpback Whale (*Megaptera novaeangliae*) in Canada». *Can. Field-Nat.* 99 (3): 425-433.

HERMAN, L.M. et R.C. ANTINOJA. 1977. «Humpback Whales in the Hawaiian breeding waters: population and pod characteristics». *Sci. Rep. Whales Res. Inst.* 29: 59-85.

MANSFIELD, A.W. 1985. «Status of the Blue Whale (*Balaenoptera musculus*) in Canada». *Can. Field-Nat.* 99 (3): 417-420.

MEAD, J.-G. 1977. «Records of Sei and Bryde's Whales from the Atlantic coast of the United States, the Gulf of Mexico, and the Caribbean». *Rep. Int. Whal. Comm.* (Special Issue 1) p. 113-116.

MEREDITH, G.N. et R.R. CAMPBELL. 1988. «Status of the Fin Whale (*Balaenoptera physalus*) in Canada». *Can. Field-Nat.* 102 (1): 351-368.

MITCHELL, E. 1973. «Draft report on Humpback Whales taken under special scientific permit by Eastern Canadian land stations, 1969-1971». *Rep. Int. Whal. Comm.* 23: 138-154. (Appendix IV, Annex M).

MITCHELL, E. 1974. «Preliminary report on Nova Scotia fishery for Sei Whales (*Balaenoptera borealis*)». *Rep. Int. Whal. Comm.* 24: 218-225. (Appendix V, Annex T).

MITCHELL, E. et V.M. KOZICKI. 1975. «Supplementary information on Minke Whale (*Balaenoptera acutorostrata*) from Newfoundland fishery». *J. Off. Rech. Pêch. Can.* 32: 985-994.

SERGEANT, D.E. 1963. «Minke Whale, *Balaenoptera acutorostrata* (Lacépède) of the Western North Atlantic». *J. Off. Rech. Pêch. Can.* 20: 1489-1504.

SERGEANT, D.E. 1977. «Stocks of Fin Whales *Balaenoptera physalus* L. in the North Atlantic Ocean». *Rep. Int. Whal. Comm.* 27: 460-473.

WHITEHEAD, H. 1987. «Updated status of the Humpback Whale (*Megaptera novaeangliae*) in Canada». *Can. Field-Nat.* 101 (2): 284-294.

WHITEHEAD, H. *et al.* 1980. «The migration of Humpback Whales past the Bay de Verde Peninsula, Newfoundland, during June and July 1978». *Can. J. Zool.* 58: 687-692.

Famille des balénidés

BRAHAM, H.W. *et al.* (dir.) 1980. «The Bowhead Whale whaling and biological research». *Mar. Fish. Rev.* 42 (9-10): 1-87.

BURNS, J.-J. *et al.* 1993. *The Bowhead Whale.* Special Publ. No 2. The Society for Marine Mammalogy. 787 p.

EVERITT, R.D. et B.D. KROGMAN. 1979. «Sexual behavior of Bowhead Whales observed off the North coast of Alaska». *Arctic* 32: 277-280.

FINLEY, F.J. 1990. «Isabella Bay, Baffin Island: an important historical and present-day concentration area for the endangered Bowhead Whale (*Balaena mysticetus*) of the Eastern Canadian Arctic». *Arctic* 43 (2): 137-152.

GASKIN, D.E. 1987. Updated status of the Right Whale (*Eubalaena glacialis*) in Canada. *Can. Field-Nat.* 101 (2): 295-309.

GASKIN, D.E. 1991. «An update on the status of the Right Whale (*Eubalaena glacialis*) in Canada». *Can. Field-Nat.* 105 (2)v: 198-205.

HAY, K.H. 1985. «Status of the Right Whale (*Eubalaena glacialis*) in Canada». *Can. Field-Nat.* 99 (3): 433-437.

LIEN. J. *et al.* 1989. Right Whale (*Eubalaena glacialis*) sightings in waters off Newfoundland and Labrador and the Gulf of St. Lawrence 1978-1987. *Can. Field-Nat.* 103 (1): 91-93.

MANSFIELD, A.W. 1971. «Occurrence of the Bowhead or Greenland Right Whale (*Balaena mysticetus*) in Canadian Arctic waters». *J. Off. Rech. Pêch. Can.* 28: 1873-1875.

MANSFIELD, A.W. 1985. «Status of the Bowhead Whale (*Balaena mysticetus*) in Canada». *Can. Field-Nat.* 99 (3): 421-424.

REEVES, R.R. *et al.* 1978. «The Right Whale, *Eubalaena glacialis*, in the Western North Atlantic». *Rep. Int. Whal. Commn.* 28: 303-312.

REEVES, R.R. et E. MITCHELL. 1990. «Bowhead Whales in Hudson Bay, Hudson Strait, and Foxe Basin: a review». *Nat. Can.* 117: 25-43.

SEARS, R. 1979. «An occurrence of Right Whales (*Eubalaena glacialis*) on the North Shore of the Gulf of St. Lawrence». *Nat. Can.* 106: 567-568.

Carnivores pinnipèdes

Famille des phocidés

BECK, B. 1983. *Le phoque commun du Canada.* Série «Le monde sous-marin». Pêches et Océans. No Cat. Fs 41-33/27-1983 F. 8 p.

BECK, B. 1983. *Le phoque gris de l'est du Canada*. Série «Le monde sous-marin». Pêches et Océans. No Cat. Fs 41-33/26-1983. F. 8 p.

BONESS, D.J. et H. JAMES. 1979. «Reproductive behavior of the Grey Seal (*Halichoerus grypus*) on Sable Island». *J. Zool., Lond.* 188: 477-500.

BOULVA, J. et I.A. McLAREN. 1980. «Biologie du phoque commun, *Phoca vitulina*, de l'est du Canada». *Bull. Off. Rech. Pêch. Canada* No 200 F.

BOWEN, W.D. 1982. *Le phoque du Groenland*. Série «Le monde sous-marin». Pêches et Océans. No Cat. Fs 41-33/11-1982 F. 8 p.

BRUEMMER, F. 1967. «Grey Seals on Basque Island». *Carnets de Zool.* 27: 4-8.

CAMERON, A.W. 1969. «The behavior of adult Grey Seals (*Halichoerus grypus*) in the early stages of the breeding season». *Can. J. Zool.* 47: 229-233.

CAMERON, A.W. 1970. «Seasonal movements and diurnal activity rhythms of the Grey Seal (*Halichoerus grypus*)». *J. Zool., Lond.* 161: 15-23.

CLEATOR, H.J. 1996. «Status of the Bearded Seal (*Erignathus barbatus*) in Canada». *Can. Field-Nat.* 110: 501-510.

CLEATOR, H.J. *et al.* 1989. «Underwater vocalizations of the Bearded Seal (*Erignathus barbatus*)». *Can. J. Zool.* 67: 1900-1910.

FEDAK, M.A. et D. THOMPSON. 1993. «Behavioural and physiological options in diving seals». *Symp. Zool. Soc. Lond.* 66: 333-348.

FINLEY, K.J. 1979. «Haul-out behavior and densities of Ringed Seals (*Phoca hispida*) in the Barrow Strait area, N.W.T.». *Can. J. Zool.* 57: 1985-1997.

HAMMILL, M.O. et K.M. KOVACS. 1999. «Functional classification of harbor seal (*Phoca vitulina*) dives using depth profiles, swimming velocity and an index of foraging success». *Can. J. Zool.* 77:74-87.

HEIDE-JØRGENSEN, M.P. et C. LYDERSEN (dir.). 1998. *NAMMCO Scientific Publications Vol. 1: Ringed Seals of the North Atlantic*. North Atlantic Marine Mammal Commission, Tromsø. 273 p.

KINGSLEY, M.C.S. 1990. «Status of the Ringed Seal (*Phoca hispida*) in Canada». *Can. Field-Nat.* 104 (1): 138-145.

LAVIGNE, D.M. et K.M. KOVACS. 1988. *Harps and Hoods: Ice breeding seals of the Northwest Atlantic*. Univ. Waterloo Press. Waterloo, Ont. 174 p.

MANSFIELD, A.W. 1977. *Growth and longevity of the Grey Seal*, Halichoerus grypus, *in Eastern Canada*. Int. Counc. Explo. Sea Mar. Mamm. Committee C.M. 1978/N: 6, p. 1-12.

MANSFIELD, A.W. 1978. *Reproduction of the Grey Seal*, Halichoerus grypus, *in Eastern Canada*. Int. Counc. Explo. Sea Mar. Mamm. Committee C.M. 1978/N: 13. p. 1-9.

MANSFIELD, A.W. et B. BECK. 1977. *The Grey Seal in Eastern Canada*. Serv. Pêch. Sci. Mer Rap. Tech. 704.

POWER, G. et J. GRÉGOIRE. 1978. «Predation by freshwater Seals on the fish community of Lower Seal Lake, Quebec». *J. Off. Rech. Pêch. Canada*. 35: 844-850.

RENOUF, D. 1979. «Preliminary measurements of the sensitivity of the vibrissae of Harbour Seals (*Phoca vitulina*) to low frequency vibrations». *J. Zool., Lond.* 188: 443-450.

SERGEANT, D.E. 1973. «Feeding, growth and productivity of Northwest Atlantic Harp Seals (*Pagophilus groenlandicus*)». *J. Fish. Res. Can.* 30: 17-29.

SERGEANT, D.E. 1974. «A rediscovered whelping population of Hooded Seals *Cystophora cristata* (Erxleben) and its possible relationship to other populations». *Polarforschung* 44: 1-7.

SERGEANT, D.E. 1976. «History and present status of populations of Harp and Hooded Seals». *Biol. Conserv.* 10: 95-118.

SMITH, T.G. 1976. «Predation of Ringed Seal pups (*Phoca hispida*) by the Arctic Fox (*Alopex lagopus*)». *Can. J. Zool.* 54: 1610-1616.

SMITH, T.G. 1980. «Polar Bear predation of Ringed and Bearded Seals in the landfast sea ice habitat». *Can. J. Zool.* 58: 2201-2209.

SMITH, T.G. et I. STIRLING. 1978. «Variation in the density of Ringed Seal (*Phoca hispida*) birth lairs in the Amundsen Gulf, Northwest Territories». *Can. J. Zool.* 56: 1066-1071.

SMITH, T.G. 1987. «The Ringed Seal (*Phoca hispida*) of the Canadian Western Arctic». *Can. Bull. Fish. Aquat. Sci.* 216: 81 p.

STEWART, R.E.A. *et al.* 1986. «Seals and sealing in Canada's Northern and Arctic Regions». *Can. Tech. Rep. Fish. Aquat. Sci.* 1463: 31 p.

WILSON, S. 1973. «Mother-young interactions in the Common Seal, *Phoca vitulina vitulina*». *Behaviour* 62: 97-114.

Famille des odobénidés

FAY, F. et G.C. RAY. 1979. «Reproductive behavior of the Pacific Walrus in relation to population structure». *Proc. 29th Alaska Sci. Conf.*, 1978, p. 409-410.

FAY, F.H. 1985. «*Odobenus rosmarus*». *Mammal. Species* No 238, p. 1-7.

GARLICH-MILLER, J. 1994. *Growth and reproduction of Atlantic Walrus* (Odobenus rosmarus rosmarus*) in Foxe Basin, Northwest Territories, Canada.* Thèse de maîtrise en sciences, département de zoologie, Univ. Manitoba. 116 p.

MANSFIELD, A.W. 1958. *The biology of the Atlantic Walrus* Odobenus rosmarus rosmarus (Linnaeus) *in the Eastern Canadian Arctic.* Rapport manuscrit No 653. Off. Rech. Pêch. Canada.

REEVES, R.R. 1978. *Atlantic Walrus (*Odobenus rosmarus rosmarus*): a literature survey and status report.* US Dept. Int. Fish Wildl. Serv. Wildl. Res. Rep. No 10. 41 p.

RICHARD, P.R. et R.R. CAMPBELL. 1988. «Status of the Atlantic Walrus (*Odobenus rosmarus*) in Canada». *Can. Field-Nat.* 102 (1): 337-350.

SALTER, R.E. 1979. «Site utilization, activity budgets, and disturbance responses of Atlantic Walruses during terrestrial haul-out». *Can. J. Zool.* 57: 1169-1180.

Carnivores fissipèdes

Famille des ursidés

Bears: Status Survey and Conservation Action Plan. Compilé par C. SERVHEEN, H. HERRERO, B. PEYTON et IUCN/SSC Bear and Polar Bear Specialist Groups, 1998, x + 306 pp.

De MASTER, D.P. et I. STIRLING. 1981. «*Ursus maritimus*». *Mammal. Species* No.145, p. 1-7.

FERGUSON, S.H., M.K. TAYLOR et F. MESSIER. 2000. «Influence of sea ice dynamics on habitat selection by Polar Bears». *Ecology* 81(3): 761-772.

FURNELL, D.J. et D. OOLOOYUK. 1980. «Polar Bear predation on Ringed Seals in ice-free water». *Can. Field-Nat.* 94: 88-89.

HERRERO, S. (dir.).1972. *Bears, their biology and management.* IUCN, Publ. New Ser. No.23, Morges, Suisse.

JONKEL, C.J. 1967. *Life history, ecology and biology of the Polar Bear, autumn 1966 studies.* Can. Wildl. Serv. Prog. Note No 1, 8 p.

JONKEL, C.J. 1976. *The present status of the Polar Bear in the James Bay and Belcher Island area.* Can. Wildl. Serv. Occas. Paper No 26.

KNUDSEN, B. 1978. «Time budgets of Polar Bears (*Ursus maritimus*) on North Twin Island, James Bay». *Can. J. Zool.* 56: 1627-1628.

KOLENOSKY, G.B. 1975. *Polar Bears in Ontario maternity denning and cub production, 1975.* Fish & Wildl. Res. Branch, Ont. Min. Nat. Res., Maple, Ontario, Ms Report.

LATOUR, P.B. 1981. «Spatial relationships and behavior of Polar Bears (*Ursus maritimus* Phipps) concentrated on land during the ice-free season of Hudson Bay». *Can. J. Zool.* 59: 1763-1774.

LATOUR, P.B. 1981. «Interactions between free-ranging adult males Polar Bears (*Ursus maritimus* Phipps): a case of adult social play». *Can. J. Zool.* 59: 1775-1783.

LENTFER, J.W. «Polar Bear denning on drifting sea ice». *J. Mamm.* 23: 365-375.

MANNING, T.H. 1972. *Geographical variation in the Polar Bear,* Ursus maritimus *Phipps.* Can. Wildl. Serv., Report Ser. No 13.

RUSSELL, R.H. 1974. «The food habits of Polar Bears of James Bay and Southwest Hudson Bay in summer and autumn». *Arctic* 28: 117-129.

SCHWEINBURG, R.E. 1979. «Summer snow dens used by Polar Bears in the Canadian High Arctic». *Arctic* 32: 165-169.

SMITH, P.A. 1979. *Resume of the trade in Polar Bears hides in Canada, 1977-78.* Can. Wildl.Serv.Prog. Notes No 13.

SMITH, T.G. 1980. «Polar Bear predation of Ringed and Bearded Seals in the land-fast sea ice habitat». *Can. J. Zool.* 58: 2201-2209.

STIRLING, I. 1974. «Midsummer observations on the behaviour of wild Polar Bears (*Ursus maritimus*)». *Can. J. Zool.* 52: 1191-1198.

STIRLING, I. 1988. *Polar Bears.* University of Michigan Press, Ann Arbour, Michigan.

STIRLING, I. et C. J. JONKEL. 1972. «The great white bears». *Nature Canada* 1 (3): 18-21.

STIRLING, I. et E.H. McEWAN. 1975. «The caloric value of whole Ringed Seals (*Phoca hispida*) in relation to Polar Bear (*Ursus maritimus*) ecology and hunting behaviour». *Can. J. Zool.* 53: 1021-1027.

WEMMER, C. *et al.* 1976. «An analysis of the chuffing vocalization in the Polar Bear (*Ursus maritimus*)». *J. Zool. Lond.* 180: 425-439.

Crédits photographiques

Index

GUIDES NATURE QUINTIN

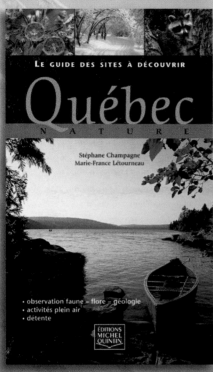

LE GUIDE DES SITES À DÉCOUVRIR

Québec
NATURE

Stéphane Champagne
Marie-France Létourneau

- observation faune – flore – géologie
- activités plein air
- détente

ÉDITIONS MICHEL QUINTIN

AMPHIBIENS ET REPTILES
DU QUÉBEC ET DES MARITIMES

Jean-François Desroches • David Rodrigue

ÉDITIONS MICHEL QUINTIN

GUIDE PHOTO DES
OISEAUX DU QUÉBEC
ET DES MARITIMES

Jean Paquin

ÉDITIONS MICHEL QUINTIN

MICHEL LEBOEUF

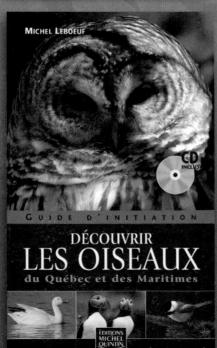

CD INCLUS

GUIDE D'INITIATION

DÉCOUVRIR LES OISEAUX
du Québec et des Maritimes

ÉDITIONS MICHEL QUINTIN

MAMMIFÈRES DU QUÉBEC
ET DE L'EST DU CANADA

Jacques Prescott • Pierre Richard

ÉDITIONS MICHEL QUINTIN

2ᵉ ÉDITION